W0259982

A.D.

Entdeckungsreisen
in
Haus und Hof

Mit
seinen jungen Freunden unternommen
von
Hermann Wagner

Vierzehnte Auflage

Mit 114 in den Text gedruckten Abbildungen
und einem Titelbild in Farbendruck.

Springer-Verlag
Berlin
Heidelberg GmbH

ISBN 978-3-662-33614-4 ISBN 978-3-662-34012-7 (eBook)
DOI 10.1007/978-3-662-34012-7

Softcover reprint of the hardcover 14th edition 1913

Vorwort.

In unseren vier Wänden, in der Wohnstube, haben wir miteinander unsere erste Entdeckungsreise glücklich vollendet. Wir fragten den Tisch und den Stuhl um ihre Lebensgeschichte, ließen uns vom Goldfischchen und Kanarienvogel von ihrer fernen Heimat erzählen, folgten der Fliege bei ihren Irrfahrten, belauschten das Mäuschen bei nächtlicher Weile und machten uns vertraut mit Hinz, der spinnenden Hauskatze. Zahlreiche kleine lebendige Wesen entdeckten wir: Motten, Käferchen und Mücken, die wir früher ganz übersehen oder deren Bedeutung wenigstens uns fremd war. Je mehr freilich der Mensch selbst Herr daheim ist, desto durchgreifender schließt er die ungeladenen Besucher der freien Natur von seinem Zimmer aus; anderseits zieht er aber auch nicht wenige andere von ihnen zum Schmuck und zur Unterhaltung herbei.

Jetzt dehnen wir den Kreis unserer Wanderungen aus; wir verlassen die enge Stube, in welche wir bei ungünstigem Wetter und in den finsteren Tagen des Winters gebannt waren; wir spazieren miteinander durch die übrigen Räume des Hauses, reisen dann weiter durch Hof und Stallung, zum Brunnen und in den Garten. Schon diese verhältnismäßig kleine Spanne Raum, um welche wir unseren Gesichtskreis erweitern, eröffnet uns einen unerwarteten Reichtum neuer Entdeckungen! Welche Fülle naturgeschichtlicher Schätze bietet nicht schon ein einfaches Hausgärtchen, welche Menge interessanten Lebens entfaltet nicht schon der Hof mit dem verschiedenen Geflügel, dem treuen Haushund und den zeitweiligen gefiederten und anderweitigen Besuchern! Wird nicht selbst eine Rumpelkammer mit ihrem vielfachen Gerät für das Kind ebenso zur Naturaliensammlung wie zum Altertumskabinett? Dünkt ihm nicht ein Gang in den Keller hinab gleich einer geheimnisreichen Reise in die düstere Unterwelt und — wenn es droben aus dem kleinen Fensterchen im hohen Giebel hinabschaut auf die niederen Nachbardächer dort unten, nach dem Nest der Spatzen in der Regenrinne und nach den luftdurchsegelnden Schwalben, ist's ihm da nicht in seiner Weise so eigentümlich zu Mute wie dem kräftigen Jüngling, der zum erstenmal von der Spitze des Brockens, der Schneekoppe oder des Rigi hinabschaut auf alles, was drunten ist? Das Kind mißt die Welt ringsumher mit einem ganz anderen Maßstabe, als der Erwachsene; ihm wird ein gefangener Maulwurf, eine aufgefundene Fledermaus, eine in ihrem Kunstgewebe thronende Kreuzspinne zu einem wichtigen Wesen und die schwatzende Elster zu einer höchst verständigen Person.

Bei der Überfülle des Stoffes, welcher sich bereits in Haus und Hof uns eröffnet, konnten wir im beschränkten Raume eines schwachen Bändchens nicht daran denken, erschöpfend sein zu wollen. Wir durften uns nur gestatten, aus den Hauptgruppen einige der nächsten Figuren herauszugreifen, und mußten uns über vieles mit Andeutungen begnügen. Sollten aber unsere jungen Begleiter auf diesen Reisen im häuslichen Kreise Vergnügen daran gefunden haben, die hier vorhandenen Dinge der Natur aufmerksam zu betrachten, nach ihrer Geschichte zu forschen und ihr Leben und Weben zu beobachten — so würde unser Zweck bereits zur Genüge erreicht sein!

Je zahlreichere kleine Fäden das Interesse des Kindes an das häusliche Leben fesseln, je mehr wird es mit Liebe am Herd der Familie hängen, je stärker wird auch sein Gemütsleben sich entwickeln und mit dem erwachenden, forschenden Verstande Hand in Hand gehen. Der Mann, welcher in vorgerückten Jahren mit Innigkeit noch an das Haus denkt, in welchem er die Tage der Jugend verlebte, wird auch danach streben, der eignen Familie eine Umgebung zu schaffen, in welcher Liebe und Frieden wohnen!

Die Bändchen unserer Entdeckungsreisen haben zu unserer Freude einen so ausgebreiteten Beifall gefunden, daß bereits ein abermaliger Abdruck derselben nötig geworden ist. Möge auch diese neue Ausgabe sich nachsichtsvolle teilnehmende Freunde erwerben!

Hermann Wagner.

Inhaltsverzeichnis.

1.

Auf dem Dache.

Eine Reise aufs Dach ist fast so gefährlich, wie eine Reise auf die Spitzen der Alpen. Es ist kein Weg für Kinder, sondern nur für Dachdecker und Schornsteinfeger, die keinen Schwindel kennen und sicher aufzutreten verstehen.

Da oben scheint die Morgensonne zuerst; den First des Daches vergoldet der letzte Abendstrahl. Dort braust der Wind am stärksten, und Regen und Schnee tummeln sich ungehemmt. Wir begnügen uns, das Dach so weit zu durchmustern, wie es ohne Gefahr möglich ist. Wir schauen durch die Luke, betrachten mit Bequemlichkeit das Dach des niederen Nebengebäudes, ein Abbild des großen Hausdaches, und nehmen vielleicht auch einmal die günstige Gelegenheit wahr, wenn der Dachdecker eine Öffnung in die Bedachung gemacht hat, um nach dem First zu schauen, wo der Storch das Nest hat. Die Dächer der Landhäuser tun uns mitunter sogar den besonderen Gefallen und reichen mit ihren Rändern fast bis zur Erde herab. — Das Dach ist, wie gesagt, das Hochgebirge in der Welt des Hauses. Hat es auch während des Sommers keine Gletscher und Ferner, so steigen doch seine Seiten steil auf und bieten auch sonst noch manche Vergleichungspunkte. Seit die Strohdächer aus der Mode gekommen und auch die Schindeldächer immer seltener werden, trägt das Dach einen Panzer aus Ziegelsteinen oder Schiefer, manche auch wohl aus teurem Zinkblech, andere aus wohlfeilerer Dachpappe.

Die Dachziegel sind Geschwister der Backsteine, welche wir als Bestandteile der Stubenwände bereits kennen lernten. Wie jene, waren sie vormals blonder Lehm, wurden in der Vorzeit aus den Resten verwitterter Gesteine vom Wasser zusammengespült und an ruhigen Stellen, auf rasigen Wiesen oder in stillen Flußbuchten abgesetzt, wo sie hier und da hausdicke Lagen bilden. Sie hatten von den Fußwanderern manche Verwünschung zu hören bekommen, wenn der Weg bei nassem Wetter oder beim Auftauen über Lehmflächen führte, waren aber endlich vom Ziegelbrenner als Segen begrüßt und wie vornehme Leute auf dem Wagen nach Hause gefahren worden. Hier in der Ziegelei hat man ihnen freilich eine Zeitlang arg mitgespielt. Zuerst hatte man den zähen, fetten Lehm mit Wasser begossen, dann mit Füßen getreten, mit Messern oder Draht zerschnitten, um alle Steine herauslesen zu können, hierauf hatte man ihn in Formen gepreßt und jedem Ziegel eine Nase angeheftet. Nachdem die Ziegel dem Wasser entronnen, waren sie den Unbilden der Zugluft in den Trockenschuppen ausgesetzt und mußten, um die Qualen aller Elemente zu genießen, ins Feuer des Brennofens wandern, durch dessen Gluten sie ihr gemeines Gelb in vornehmes prahlendes Rot verwandelten und sich zugleich angemessen verhärteten. Die Dachziegel hatten ihre vollkommene Ausbildung genossen, sie wurden geprüft und gut befunden; jetzt erhöhte man sie, hing sie auf und zwar an den Nasen.

Das Ziegeldach ist, wie ein vulkanisches Gebirge, mit Hilfe des Feuers fertig geworden, das Schieferdach dagegen hat es in seinen jungen Jahren, als es Schieferstein im Gebirge war, nur mit dem Wasser zu tun gehabt. Der Dachschiefer ist ein naher Vetter der Schiefertafel. Er besteht der Hauptsache nach aus Ton, der sich vor alters aus dem Wasser absetzte und allmählich verhärtete. Er nahm dabei jene blätterige Form an, die ihn leicht in dünne Platten spaltbar macht.

Die schwärzlich- oder bläulichgraue Farbe verdankt er Kohlenteilchen, jedenfalls Überresten von Pflanzen, die zu der Zeit wuchsen, als sich der Tonschiefer bildete. Bei manchen Schieferarten wird der Gehalt an Kohle oder auch an Ölstoffen, die etwa von Seetieren herstammen mögen, so stark, daß sie sich anzünden lassen. Diese Schiefer taugen zum Dachdecken ebensowenig, wie jene, welche viel Alaun oder andere Salze enthalten und dadurch an der Luft leicht mürbe werden.

Das Dach, welches einen Schieferpanzer tragen soll, muß erst ein Unterkleid von Brettern anlegen. Für Dachziegel genügt ein Gerippe aus Latten, die an die Dachsparren geheftet sind.

In manchen Gegenden sind die Dachziegel hohl oder in Form eines ∽ gebogen. Sie stellen auf dem Dache Rinnen dar, die von oben nach unten laufen. In anderen Ländern sind die flachen Ziegel gebräuchlich, die sich wie Panzerschuppen decken.

Das Ziegeldach bleibt nicht lange so schön hellrot, wie es im Anfange erscheint; es wird dunkler und allmählich altersgrau und deutet schon durch seine Farbe an, daß vielerlei Kräfte an ihm arbeiten, um es zu verändern. Die Wasser des Himmels nagen an den Ziegeln, der Frost faßt sie und läßt sie sich etwas zusammenziehen, die Sonnenglut sengt sie und dehnt sie wieder aus. Dadurch bekommen sie Risse und Sprünge. Der Wind rüttelt und schüttelt an ihnen; so werden sie allgemach mürbe und fangen an, sich wieder ihrem ehemaligen erdigen Zustande zu nähern. Sie verwittern gleich den Felsen, die, durch vulkanische Mächte aus dem Meere gehoben, ihr kahles Haupt von Mond und Sonne bescheinen lassen. Aber wie an jene Felsen sich eine eigentümliche Pflanzenwelt als erste Ansiedelung des Lebendigen einstellt, so findet solches in kleinem Maßstabe auch an unseren Hausdächern statt.

Der Wind weht die winzigen Fortpflanzungszellen (Sporen) von Flechten und Moosen herbei, und diese genügsamen Pflänzchen sind schon mit dem wenigen Wasser zufrieden, das ihnen ab und zu ein Regenguß zuwirft. Sie heften sich an die verwitterten Steine und wachsen, genährt vom Stein, vom zugeführten Staub, Regen und Sonnenschein.

So sehen wir auf dem einen Dachziegel einen kreisförmigen weißlichen Flecken, der etwas ins Graubraune spielt und aus einer dünnen, weinsteinartigen Kruste besteht. Wir haben das Lager einer Dachwarzenflechte (Verrucaria muralis) vor uns. Kleine schwarze

Pünktchen auf der hellen Unterlage sind die winzigen Fruchthäufchen, deren eigentlichen Bau wir erst mit Hilfe eines Vergrößerungsglases deutlicher erkennen können. — Auf den Ziegeln daneben fällt uns durch ihre leuchtend gelbe Färbung die Mauerschüssel-flechte (Gasparrinia murorum) auf, deren Lager aus kleinen krustenartigen Schuppen besteht, die sich, von einem Mittelpunkte ausgehend, strahlenförmig zu einem kreisrunden Flecke verbreitern. In der Mitte stehen dunkelorangefarbene kleine Fruchtschüsselchen, nach welchen die Flechte benannt wird.

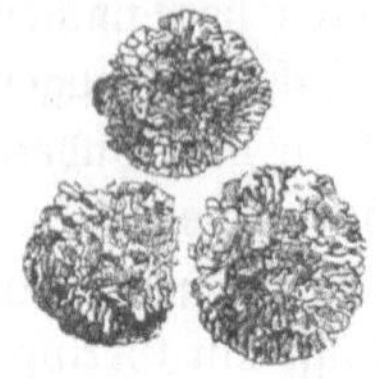
Mauerschüsselflechte (Gasparrinia murorum).

Ein noch lebhafteres Gelb zeigt die gemeine Wandflechte (Xanthoria parietina), die sich ebenso hier auf dem Ziegeldache niedergelassen hat, wie sie sonst an Baumstämmen oder Felswänden gedeiht. Es ist dieselbe, welche das Straßburger Münster mit weithin bemerkbarem goldenen Schein überzieht. Auch bei der Wandflechte wird das rundliche Flechtenlager, das am Rande sich blattähnlich zerteilt, mit niedlichen orangefarbenen Fruchtschüsselchen geziert.

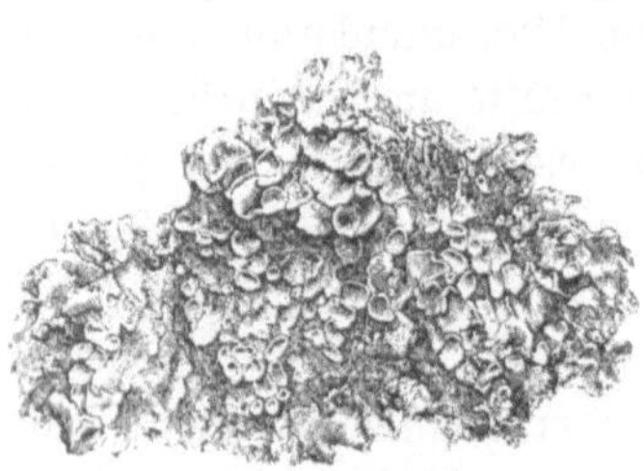
Gemeine Mauerflechte (Xanthoria parietina).

Neben dem leuchtenden Gelb dieser beiden hebt sich das zarte Silbergrau der zarten Wandflechte (Parmelia tenella) ab, die dicht daneben wächst. Die Läppchen, in welche ihr Lager zerschnitten ist, teilen sich feinfiederspaltig, und die nach der Mitte hin stehenden Fruchtschüsselchen sind braun oder schwarz. Sie verdient ihren Namen durch ihren zierlichen Bau und die zart-bläulichgraue Färbung. Gröber erscheint daneben ihre nahe Verwandte, die Felsenwandflechte (Parmelia saxatilis), welche aber trotzdem besonders in früherer Zeit noch berühmter gewesen ist. Sie bedeckt nicht selten Strecken von Handgröße und mehr und bildet ein Lager von grauen oder graubraunen Lappen, welche dachziegelig übereinander greifen. Oben erscheinen letztere netzförmig-grubig, auf der Unterseite braun- oder schwarzfaserig. Fruchtschüsselchen kommen bei ihr nicht so häufig vor wie bei den vorhin betrachteten. Die Felsen- und Steinwandflechte ist noch weniger wählerisch als die gelbe Wandflechte in bezug auf ihren Wohnort, und ehedem, als in unserem Vaterlande Galgen und Richtstätten häufiger waren und in der Nähe fast jeder größeren Stadt die Hügel der Umgebung verunzierten, wuchs die Steinwandflechte auch droben auf dem Galgenholz, ja selbst auf den aufgenagelten verwitterten Schädeln der armen Sünder. Man schrieb ihr ganz außergewöhnliche Kräfte zu. So sollte sie, wie alte Kräuterbücher treuherzig erzählen, das Nasenbluten sofort stillen, wenn man sie nur in die Hand nehme; sie sollte die Fallsucht heilen und den Schützen zu unfehlbar sicherem Schusse verhelfen, wenn sie dieselbe im Büchsenschafte einschlössen. Die gelbe Wandflechte war früher auch als Mittel gegen das kalte Fieber empfohlen, heutzutage sind aber beide außer Gebrauch gekommen und werden nur noch von Pflanzenfreunden beachtet.

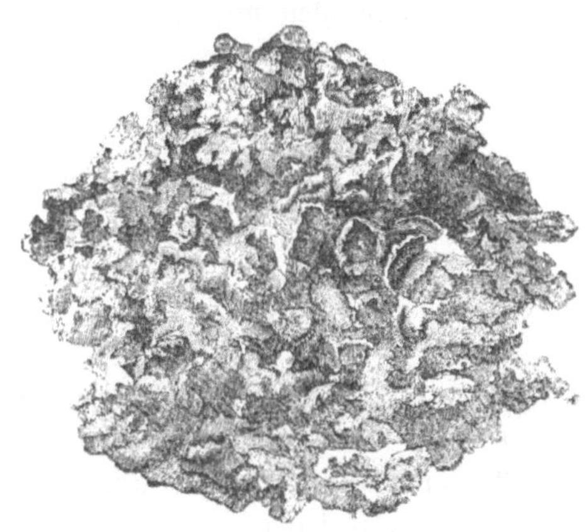
Felsenwandflechte (Parmel'a saxatilis).

Außer den angeführten Flechtenarten treffen wir auf manchen Dächern noch verschiedene Moospolster an. Eine der gewöhnlichsten Moosarten auf Ziegeldächern ist das Mauerbartmoos (Barbula muralis), das dichte, polsterförmige, rundliche Rasen von geringer Höhe bildet und durch die hellen Haarspitzen der Blätter ein weißliches filziges Ansehen erhält. Meistens trägt es zahlreiche, schmalwalzenförmige, aufrecht stehende Früchte, jede auf dünnem fadenförmigen Stiele. Diese Früchte sind anfänglich durch ein Deckelchen und eine wasserhelle Haube geschlossen; nachdem beide aber abgefallen, zeigt sich oben eine Öffnung mit 32 haardünnen, langen Wimpern besetzt, die sich schraubenförmig umeinander winden.

Mauerbartmoos (Barbula muralis); links ein Blatt, vergrößert.

Das **gemeine Polstermoos** (Grimmia pulvinata), das mit dem Bartmoos gern in Gesellschaft vorkommt, hat auf den ersten Blick viel Ähnlichkeit mit ihm, nur ist es noch weißhaariger, und die Rasen sind dichter und fast halbkugelig. Bei näherem Ansehen unterscheidet man es aber von jenem sofort dadurch, daß seine eiförmigen Früchte sich mit ihren gelblichen Stielen zurückkrümmen und sich fast im Laube verstecken. — Das **Rasenbirnmoos** (Bryum caespiticium), wie jene ein gewöhnlicher Bewohner der Dächer, hat einen höheren, dickeren Rasen, in welchem man die einzelnen Moospflänzchen deutlich unterscheiden kann. Sie sind von knotenförmiger Gestalt. Die Früchte dieser Moosart sehen allerliebst aus. Sie hängen wie eirunde Birnchen an zolllangen, lebhaftroten Stielen. Noch reizender erscheinen jene Früchtchen durch ein Vergrößerungsglas betrachtet; die Fruchtöffnung (der Mund) ist mit einem doppelten Kranze von Zähnchen besetzt.

Gemeines Polstermoos (Grimmia pulvinata); links ein Blatt, vergr.

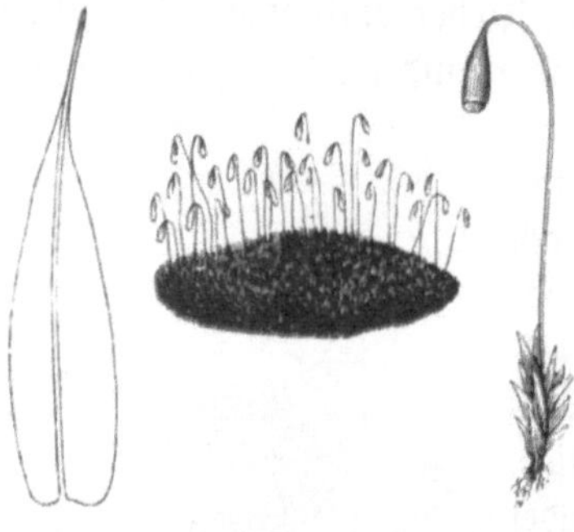

Rasenbirnmoos (Bryum caespiticium).

Auf Stroh- und Schindeldächern würden wir bei genauerem Zusehen noch allerlei andere Pflänzchen der angeführten Gruppen antreffen. Außer einzelnen Astmoosarten, besonders der zypressenförmigen sowie einer größeren Birnmoosart (Barbula ruralis) u. a. würden uns von den Flechten vorzugsweise Anfänge zu Becherflechten, zwischen den Moosen vielerlei Algenfäden und an dem verrotteten Stroh und den faulenden Schindeln endlich noch eine Anzahl kleiner Pilze und Schimmelformen zu Gesicht kommen. Sie alle erinnern an jene Pflanzengestalten, die an den hohen Bergen als letzte Vorposten der Pflanzenwelt stehen und sich auf neuentstandenen Felsinseln als erste Ansiedler niederlassen. Ihre feinen Wurzelfasern klammern sich fest an die steinige Unterlage, und man reißt nicht selten einen Ziegelsplitter mit los, wenn man sie abtrennt. Zugleich halten sie den Regen länger an und sammeln die Stäubchen, welche der

Wind ihnen zuwirft, oder die als Ruß aus den Schornsteinen niederschlagen. In jenen Moos- und Flechtenpolstern sind ansehnliche Erdhäufchen aufgespeichert, und manches kleine tierische Wesen findet in einer solchen Moosinsel auf dem Dache ein geeignetes Unterkommen, so z. B. häufig die nur durch das Vergrößerungsglas erkennbaren Rädertierchen.

Auf dem mit einer Lehmschicht befestigten First der Strohdächer trifft man in manchen Gegenden das Hauslaub oder die Hauswurz (Sempervivum tectorum, s. auf dem Anfangsbilde) eigens angepflanzt. Dieses interessante Gewächs bildet eine dichte Rosette von dickfleischigen Blättern. Die Oberhaut der Blätter besitzt nur sehr wenige Spaltöffnungen, dunstet deshalb auch nur wenig Wasser aus. Dagegen enthält der Saft eine reiche Menge Pflanzensalze und vermag durch deren Hilfe nicht nur das aufgenommene Wasser kräftig festzuhalten, sondern wahrscheinlich auch aus der Luft dergleichen einzusaugen. Es trinkt Regen und Tau und begnügt sich außerdem mit dem dürftigen Erdballen an seinen Wurzeln, den es durch die darüber gebreiteten Blätter vor dem Abspülen und Wegblasen schützt. Aus der alten Blattrosette kommen an den Seiten neue als Sprossen hervor, und diese heften sich, da sie miteinander in zäher Verbindung bleiben, als lebendiger Panzer über den Dachfirst; ja die Alten glaubten, daß sie sogar den Blitz von ihren Wohnungen abhielten, vermutlich deshalb, weil sie ihres Saftreichtums wegen nicht leicht verbrennen. Man nannte sie dem Sonnengotte zu Ehren Jupiterbart, und Karl der Große traf die Verordnung: „Der Landmann habe auf seinem Hause Jupiterbart".

Aus der Mitte der Blattrosette treibt die Hauswurz einen fußhohen Blütenstengel, der sich oben zu einer Traube verzweigt. Die Blüten sind zwar nur unansehnlich, grünlich, mit einem Schimmer ins Rote, versammeln aber doch als ein Gärtchen in den Lüften eine Schar leckerer Fliegen um sich, die ihrerseits wieder den Rotschwänzchen, Bachstelzen und Schwalben erwünschte Speise werden.

So niedlich die Moose und Flechten auf dem Ziegeldache aussehen mögen, so sind sie doch kein sonderlicher Vorteil für dasselbe. Sie befördern durch das Festhalten der Nässe das raschere Zerfallen der Ziegel. Nach jedem heftigen Regen werden wir in dem Fasse, welches das Wasser der Dachrinne auffängt, nicht nur den abgewaschenen Ruß, sondern auch zahlreiche Ziegelsteinkörnchen finden, welche mit herabkamen und uns daran erinnern, daß der Zahn der Zeit droben am Dache fortwährend nagt und daß die Ziegelsteine allmählich wieder herabkommen, auch wenn kein Hagelwetter oder Sturm Ziegelbrenner und andere Dachkünstler auf außergewöhnliche Weise in Nahrung setzt.

Hat sich auf unserem Hausdache eine Storchfamilie häuslich niedergelassen, so bietet sich uns während des Sommers überreiche Gelegenheit zu naturgeschichtlichen Dachstudien. Während des März kommt das Storchpärchen von seiner weiten Winterreise aus dem Innern Afrikas wieder bei uns an, das Männchen gewöhnlich ein paar Tage früher als das Weibchen. Das alte Wagenrad, welches auf die Dachfirste gelegt worden ist, oder das Lattengestell mit Reisigbündeln, welches man dort angenagelt hat, locken die klugen Vögel herbei, denn sie merken sofort, wo man ihnen wohl will. Gröbere Äste tragen sie herbei zur Unterlage, Stroh, Rasen und weiche Stoffe zum inneren Ausbau. Anfang Mai legt die Störchin dann ihre vier bis sechs weißen oder etwas grünlich-gelblichen Eier und bebrütet sie eifrig 28—31 Tage lang. Der Storch trägt ihr dabei Speise zu und beschützt sie. Die ausgekrochenen Kleinen werden zwei Monate lang von den Alten gefüttert, zuerst mit Kerbtieren und Würmern, später mit Fröschen, Schlangen, Mäusen und ähnlichem Getier. Auch Wasser tragen die Alten den Jungen im Kehlsack herzu. Anfänglich bitten die Kleinen mit sonderbarem Winseln und Zwitschern um Speise, später lernen sie von den Alten klappern, daß es eine Lust ist, ihnen zuzuhören. Haben sie sich im Fliegen gehörig vervollkommnet, so ziehen alle Ende Juli oder im August wieder von dannen. Sie werden aber, wenn sie nicht gestört worden sind oder unterwegs verunglücken, nächstes Frühjahr wiederkehren zu ihrem trauten Daheim auf unserem Dachfirst.

Wanderratte und schwarze Ratte.

2.

Ratten im Hause.

Lange Zeit scheint die Hausmaus die Alleinherrschaft in den Kellern und Vorratskammern des Hauses geführt zu haben. Von einer Ratte ist wenigstens in den Schriften der Alten nirgends die Rede. Erst von Albert Magnus im 12. Jahrhundert wird letztere große Verwandte der Maus als deutsches Tier namhaft gemacht. Woher die Hausratte oder sogenannte schwarze Ratte (Mus rattus) nach Deutschland gekommen sein mag, ist unbekannt. Es möchte aber fast scheinen, daß das mittlere Asien in alten Zeiten nicht nur Wanderschwärme von Menschen ausgesendet habe, sondern auch Züge von Ratten, die sich geräuschloser und langsamer, aber doch erfolgreich über die meisten Länder der Erde verbreiteten. Ums Jahr 1544 ward die schwarze Ratte durch Schiffe nach der Neuen Welt als blinder Passagier mit übergesiedelt und kam zuerst in Südamerika ans Land. Sie hat sich seitdem dort so vermehrt, daß sie gegenwärtig daselbst häufiger ist als in Europa.

Ihre Scharen hatten bis zur ersten Hälfte des vorigen Jahrhunderts die meisten Orte Europas in Besitz genommen. Zu bequem, sich ihre Nahrung im Freien zu suchen oder gar sich Wintervorräte anzulegen, plünderten sie in unverschämtester Weise die Speisekammer der Hausfrau und wußten die gewöhnlichen Fallen meistens geschickt zu vermeiden. Wurden sie ja im Zimmer so in die Enge getrieben, daß ihnen die Flucht unmöglich war, so setzten sie sich in entschlossener Weise wütend zur Wehr, bissen Katzen oder Hunde, die sie fassen wollten, empfindlich in die Lippen und sprangen selbst dem Menschen nach dem Gesicht.

Da ein Rattenpaar in einem einzigen Jahre zwei- bis viermal Junge bekommen kann, und zwar jedesmal vier bis zehn, so können schon im zweiten Jahre, abgesehen von der Nachkommenschaft der Jungen, 4 × 20 oder 80 Ratten von einem Paare abstammen, gerade genug, um die letzten Körnchen Getreide vom Boden wegzulesen. Kein Wunder war es, daß man die Rattenplage, gegen welche man sich aber auch durch kein einziges Mittel zu helfen wußte, früher als besondere Strafe Gottes ansah und deshalb in einzelnen Gegenden einen besonderen Bußtag ihretwegen ausschrieb.

Es hatte derselbe aber keinen sonderlichen Erfolg, ebensowenig der Bannfluch, mit welchem der Bischof von Autun im Anfange des fünfzehnten Jahrhunderts die ungebetenen Gäste belegte. Da ward ihrem Treiben ein Ziel gesetzt durch eine Verwandte, ein Glied des eigenen Geschlechtes, die sie an den meisten Orten unserer Heimat vernichtete, freilich ohne daß dadurch dem Menschen ein Vorteil erwachsen wäre. Jener Vertreiber der Hausratte war die Wanderratte (Mus decumanus).

Sie ist größer und stärker als die Hausratte und weicht in ihrer Färbung auch von letzterer ab. Bei der Hausratte mißt der Leib eines alten Männchens 16 cm, der Schwanz 18 cm, letzterer hat 250 bis 260 Schuppenringe. Bei der Wanderratte ist der Leib 24 cm, der Schwanz 18 cm lang, letzterer hat 210 Schuppenringe. Die Hausratte ist schwarz, die Wanderratte dagegen graubraun, auf der Unterseite des Körpers hellgrau. Jedes Haar ihres Pelzes an der Oberseite des Leibes ist am Grunde grau und nach der Spitze zu braun.

In bezug auf ihr erstes Erscheinen in Europa erzählt man: im Jahre 1727 seien die südrussischen Steppen durch Erdbeben stark beunruhigt worden, und infolgedessen hätten sich die daselbst in Erdlöchern in Menge wohnenden Wanderratten auf die Reise gemacht. Sie seien zunächst in Astrachan eingerückt und von dort teils zu Lande, teils dadurch, daß sie sich in die Schiffe eingeschlichen, von Ort zu Ort über den größten Teil der Erde ausgebreitet worden. In Persien hat man sie heutzutage noch auf den Feldern in Erdhöhlen angetroffen; überhaupt bevorzugt sie, wie die Hausratte, wärmere Länder vor kälteren und kann in letzteren nur durch ihren Aufenthalt im Innern der Gebäude sich vor dem Verderben durch den Frost schützen. Die Wanderung zu Land ging natürlich nicht so rasch wie jene zu Schiffe. In Ostpreußen kannte man sie im Jahre 1750 noch nicht, in Dänemark ist sie erst seit etwa 70 Jahren eingewandert. Nach England dagegen kam sie schon ums Jahr 1732, nach Paris gegen 1753. In Braunschweig war sie bereits 1780 häufig, in der Schweiz bemerkte man sie vor 1809 noch nicht. In Amerika ist sie gegenwärtig allgemein.

Wo die Wanderratte einzog, entspannen sich auch sofort wütende Kämpfe zwischen ihr und der Hausratte. Es war weniger eine persönliche Feindschaft, welche beide Verwandte gegeneinander erbitterte, wie etwa ein Krieg zwischen Hund und Katze, sondern es war der Kampf ums Leben, hervorgerufen durch Nahrungsmangel. Da, wo Überfluß von Speise vorhanden ist, sollen beide Rattenarten friedlich nebeneinander schmausen; jedoch soll auch hierbei die Hausratte sich lieber in den oberen Räumen der Gebäude, in Vorratskammern und auf Böden niederlassen, die Wanderratte dagegen im Keller, unterirdische Schmutzleitungen, Stallungen usw. bevorzugen. Wo die Mahlzeiten anfangen knapp zu werden, entwickelt sich aber sofort in den großen Vettern der Maus eine Wildheit, die ihnen Ähnlichkeit mit Raubtieren verschafft. Sie fallen übereinander her, und der Schwächere wird totgebissen, mitunter sogar aufgefressen. Jene Kämpfe unter den Dielen, jene Rattenschlachten in den Schlupfwinkeln, Rumpelkammern und Ställen werden meistenteils zur Nachtzeit geliefert, und es mag manche Spukgeschichte, manche Erzählung von Winseln, Röcheln, Stöhnen, Poltern und dergl., wie solche sich besonders an alte winkelige Gebäude knüpfen, ihren Grund in jenen Rattenkämpfen haben. Anfänglich nahmen die Wanderratten einzelne Ortschaften eines Landes in Besitz, in benachbarten Städten war noch die frühere schwarze Ratte unangefochtene Herrin; später aber drangen die Ankömmlinge auch hierhin vor, eroberten, gleich einem kriegführenden Heere, erst einzelne Gehöfte, dann bestimmte Straßen und Stadtviertel, bis sie endlich nach

Jahren zu Alleinherrschern geworden und die Hausratten vertilgt waren. Gegenwärtig ist die Hausratte nur noch an einigen wenigen Orten Europas zu finden.

An Orten, wo sie durch Reichtum an Lebensmitteln und durch Schlupfwinkel besonders begünstigt wurden, haben sich die Wanderratten außerordentlich vermehrt, so z. B. leben ungeheuere Scharen in den Kloaken (unterirdischen Wasser- und Schmutzleitungen) von Paris und London. In letzterer Stadt ist es ein eigentümliches Vergnügen mancher Leute geworden, im Zimmer Kämpfe zwischen Hunden und Ratten zu veranstalten und Wetten auf denjenigen Hund zu setzen, der am meisten tötet. Die Wanderratte benimmt sich bei solchen Gelegenheiten noch viel wilder als die Hausratte, die sie auch in bezug auf andere üble Eigenschaften übertrifft. Sie wühlt viel mehr Gänge und kann dadurch, wo sie in großen Gesellschaften beisammen lebt, den Grund der Häuser so unterminieren, daß letztere sich senken und mit dem Einsturz bedroht werden. In der Wahl ihrer Nahrungsmittel ist sie nicht bedenklich und verspeist ebenso gern Stoffe aus dem Pflanzenreich wie aus dem Tierreich, im Notfall sucht sie sogar die Düngergruben auf. Für kleinere Haustiere wird sie zum gefährlichen Räuber. Sie überfällt junge Hühner, Tauben, Kaninchen und dergl., beißt sie tot und schleppt sie in ihre Löcher, um sie ungestört zu verzehren. Junge Enten soll sie, da sie selbst geschickt schwimmt und gut taucht, an den Beinen unter das Wasser ziehen und ersäufen. Schlimm sind solche Haustiere daran, die man des Mästens wegen in enge Behälter eingesperrt hat, und es sind Fälle vorgekommen, daß sie fette Schweine, Gänse und brütende Truthennen bei lebendigem Leibe aufgefressen haben. Man erzählt sogar, daß schlafende Menschen von ihnen in die Zehen gebissen und daß sie Säuglingen gefährlich geworden sind. Werden mehrere Ratten in einen Kasten ohne Speise zusammengesperrt, so fressen sie einander auf, bis nur die stärkste von ihnen noch übrig bleibt. Die Fallen suchen sie mit besonderer List und Schlauheit zu vermeiden, und wenn ja eine Naschhafte sich bei einer Gelegenheit gefangen hat, so nehmen sich die übrigen sofort ein warnendes Beispiel daran und scheuen die Gefahr. Sie mit Arsenik zu töten, das danach vielfach geradezu Rattengift genannt wird, ist immer bedenklich, denn sie erbrechen sich davon gewöhnlich und können durch Verschleppung des Giftes anderweitigen Schaden anrichten. Man empfiehlt statt dessen, ihnen Salz mit Pulver von gebranntem Kalk, oder Mehl mit gebranntem Gips vermengt vorzusetzen, daneben einen Napf mit Wasser. Der Genuß jener Stoffe soll ihnen tödlich werden.

Man erzählt, daß man Ratten dadurch aus dem Hause vertreiben könne, daß man eine derselben lebendig fängt, ihr eine Schelle um den Hals bindet und sie dann wieder laufen läßt. Durch die ungewohnte Musik, die sie in alle Schlupfwinkel trägt, soll sie ihre sämtlichen Genossen verscheuchen. Will man ihnen die Löcher vermauern, so muß man harte Steine dazu verwenden und dem Mörtel Glassplitter beimengen.

Als einer Kuriosität gedenken wir noch des sogenannten Rattenkönigs, der sowohl bei der schwarzen wie bei der Wanderratte angetroffen worden ist und den man in Naturalienkabinetten und Raritätensammlungen ausgestopft aufbewahrt findet. Man trifft nämlich mitunter mehrere Ratten, 6—10, ja selbst bis 28 Stück, mit den Schwänzen so fest zusammengewachsen, daß sie sich nicht voneinander trennen können. Vielleicht war der Raum, den die alte Ratte für ihre Jungen ausersehen hatte, zu eng, so daß er den herangewachsenen Kleinen nicht genug freie Bewegung gestattete. Dazu scheint sich noch eine Krankheit der einzelnen Haare gesellt zu haben, welche an den scheinbar kahlen Schwänzen stehen, eine Krankheit, welche mit dem berüchtigten Weichselzopfe Ähnlichkeit haben mag und welche das gegenseitige Verwachsen und Verwickeln der Schwänze beförderte und vervollständigte. Vielleicht waren sämtliche Junge eines Wurfes hierdurch zeitlebens in ihr Nest gebannt und wurden bei hinreichenden Nahrungsvorräten von den Alten sowie von anderen Ratten fortwährend gefüttert. Die ganze Erscheinung kommt übrigens sehr selten vor und ist wissenschaftlich bis jetzt noch nicht genügend untersucht und erklärt. Sie machte vorzüglich in früheren Zeiten ganz außerordentliches Aufsehen. Da die Ratten selbst gleich Heerscharen unheimlicher Dämonen eingewandert erschienen und ihr Wesen trieben, da sie bei ihren Räubereien, Bauten, Kämpfen und Wanderungen gesellschaftlich zusammenhielten und wie auf Kommando zu handeln schienen, so nahm man keinen Anstand, ihnen wie dem Bienenvolke auch einen Oberanführer, einen Rattenkönig, zuzuschreiben, der auf einem Throne aus lebendigen Untertanen residiere. Auf jenen verwachsenen Ratten, die man als Thron ansah, vermutete man eine absonderlich große grimmige Ratte als Sultan sitzend und regierend.

Wie von den Mäusen, so kommen auch von beiden Rattenarten sogenannte **Albinos** vor, d. h. Tiere mit schneeweißem Pelze und roten Augen. Sie werden mitunter von Liebhabern in Käfigen gepflegt und gefüttert, auch wohl zu mancherlei Kunststücken abgerichtet. Man füttert sie dann nur mit Stoffen aus dem Pflanzenreich und vermeidet dadurch den üblen Geruch, der ihnen sonst anhaftet. So widerwärtig die räuberischen, gefräßigen Tiere uns auch erscheinen, so erzählt man doch mehrfach Geschichten von unglücklichen Gefangenen, welche, getrieben durch das Bedürfnis nach Gesellschaft irgend eines lebendigen Wesens, einzelne Ratten so gezähmt haben sollen, daß dieselben ihnen das Futter aus der Hand nahmen.

Man erzählt, daß die Neuholländer, die Bewohner mehrerer Südseeinseln, sowie die Zigeuner, die Wanderratte zum Wildbret rechnen, sie erlegen und verspeisen. Auch sollen Ratten neben den Katzen in China vielfach gemästet und verzehrt werden. In Paris tötet man jährlich Hunderttausende von Ratten, ohne eine auffallende Verminderung herbeizuführen. Aus ihren Fellen verfertigt man sehr feine Handschuhe.

Eine andere Ratte, die ebenfalls auf der Wanderschaft begriffen, ist die **ägyptische Ratte** (Mus alexandrinus). Sie hat dieselbe Größe wie die Hausratte (Körper 15 cm, Schwanz fast 20 cm), ist aber auf der Oberseite des Körpers grau, auf der Unterseite weiß. Ursprünglich war sie im nordöstlichen Afrika, in Ägypten und Arabien zu Hause, ist von hier aus aber nach Italien, Südfrankreich, dann nach der Schweiz und Süddeutschland und schließlich auch nach Nordamerika gekommen.

Man hielt sie früher für eine dritte Art. Neuere Untersuchungen jedoch haben ergeben, daß diese Ratte die echte Hausratte in ihrer ursprünglichen Färbung ist. Unsere Hausratte verdankt ihre jetzige Farbe dem Klima und ihrem fast ständigen Aufenthalte im Hause.

Ratte und Meerschweinchen im Zweikampf.

3.

Die Haustauben.

Bei unserer Entdeckungsreise durch Haus und Hof gelangen wir jetzt zum Taubenschlag, vor dem das muntere Volk der Tauben sein Wesen treibt. Ein Tauber bläht den Kropf auf, ruckst und trommelt, schleift die Flügel, breitet den Schwanz aus und macht tiefe Komplimente vor der Täubin, die scheinbar gleichgültig daneben sitzt. Dort liegen einige Tauben mit gespreizten Flügeln im Sonnenschein und wärmen sich, zwei andere sind im Kampfe begriffen, fahren mit den Schnäbeln einander in die Federn und geben sich mit den Flügeln klatschende Ohrfeigen.

Der Freund, welcher uns führt, ist ein großer Taubenliebhaber. Er besitzt dicke Bücher, die nur von der Zucht und den Spielarten der Tauben handeln, und hält Zeitungen, in denen fast nur von Tauben und Hühnern die Rede ist. Ebenso gehört er besonderen Vereinen von Taubenzüchtern an und scheut sich nicht, für eine vorzüglich schöne Taubensorte hohe Summen zu zahlen, sowie er selbst sich bemüht, neue interessante Formen der Haustaube zu züchten. Er macht uns auf einige der gewöhnlichsten Hauptformen aufmerksam, denn alle die verschiedenen Sorten kennen zu lernen, meint er, würde sehr viel Zeit beanspruchen.

Jene sonderbaren Gestalten mit dem ungeheuer großen Kropf sind Kropftauben, so belehrt er uns. Alle anderen Tauben haben auch einen Kropf. In diesen gelangt das Futter zuerst, sobald es die Taube verschluckt hat. Hier in diesem ersten Magen wird es aufgeweicht und kommt nachher erst in den zweiten Magen, in welchem es mit besonderem Magensafte vermischt wird, den zahlreiche Magendrüsen absondern. Sind die harten Getreidekörner, Erbsen, Wicken u. dgl. auch hier eine Zeitlang gewesen und schon etwas verändert, so gelangen sie endlich in den dritten Magen, dessen Wände aus kräftigen Muskelbündeln bsteehen. Hier wird das Futter zu feinem Brei zerrieben, und es kommen dem Vogel dabei die kleinen Kieselsteinchen gut zu statten, die er gelegentlich verzehrt. Bei der Taube wie bei allen körnerfressenden Vögeln muß der Magen die Arbeit verrichten, welche bei uns die Zähne übernehmen.

Alle Tauben haben an der Wurzel ihres Schnabels einen schwieligen Hautwulst, in dem sich die Nasenlöcher befinden. Die letzteren sind durch Hornblättchen halb verdeckt. Bei den sogenannten türkischen Tauben wird diese Schnabelhaut besonders groß und höckerig, und auch um die Augen bilden sich Kreise von ähnlichem Ansehen aus. Beim Tauber der gewöhnlichen Formen sträuben sich am Hinterkopfe die Federn gern zu einer kleinen Krone empor, bei einigen Sorten nehmen aber auch die benachbarten Halsfedern diese Richtung an; so entsteht bei den Zopf- und Perückentauben durch diese aufgesträubten Federn eine Haube, die bis zur Brust hinabläuft, und bei den Kragentauben oder Hühnerschwänzen sind die Schwanzfedern (von denen jede Taube zwölf hat) aufgerichtet und etwas ausgebreitet; bei den Trommeltrauben sind die Füße dicht befiedert und trägt der Kopf eine Haube. Die Purzeltauben oder Tümmler haben die Sonderbarkeit, daß sie sich beim Fliegen überpurzeln.

Außerordentlich groß ist die Verschiedenheit der Haustauben in bezug auf ihre Färbung. Eine Anzahl der gezüchteten Spielarten wird nach ihren Farben mit besonderen Namen belegt. So sind die Schleiertauben weiß, nur Kopf, Hals und vordere Schwungfedern schwarz, rot oder gelb; die Brüster weiß mit großer Haube und schwarzem, braun oder gelb gezeichnetem Scheitel, Vorderhals und Brust. Die Maskentauben sind gleichfalls weiß und haben nur eine fuchsrote oder schwarze Schnippe am Vorderkopf und einen ebensolchen Schwanz. Die Starenhälse sind schwarzblau mit weißen Schnüren auf den Flügeln und einer weißen schmalen Binde vor der Brust. Die Mönchstauben haben weiße, muschelig gehaubte Scheitel, während der übrige Leib gelb, rot, blau oder schwarz gefärbt ist.

Eine Anzahl Tauben erhebt sich, da wir dem Schlage näher treten, und fliegt mit klatschendem Flügelschlage hoch empor. Wir beobachten ihre schnellen Wendungen und ihre außerordentliche Gewandtheit. Mit dem Dampfwagen können sie recht gut um die Wette eilen. Man rechnet, daß ein sogenannter Feldflüchter in der Stunde 110 Kilometer zurücklegt. Zur Beförderung von geschriebenen Nachrichten hat man eine besondere Sorte, die Brieftauben, herangezogen. In noch nicht $2\frac{1}{2}$ Stunden flog einst eine solche Brieftaube von Paris nach Köln. Als Kapitän Roß mit seinem Schiffe im nördlichen Eismeer an der Nordküste Amerikas eingefroren war, ließ er Brieftauben fliegen, die richtig den außerordentlich weiten Weg zurückfanden und glücklich in England ankamen. Wie es den Tieren möglich ist, sich zurecht zu finden, könnte uns als ein Rätsel erscheinen, wenn wir nicht aus Erfahrung wüßten, daß unsere Wandervögel alljährlich den Weg durch ganz Europa, einzelne selbst bis zur Südspitze Afrikas hin und zurück finden und an ihren versteckten vorjährigen Nestern richtig wieder eintreffen. Sie wissen aber in ihrer Weise bei ihren Luftreisen so gut Bescheid wie drunten die Handwerksburschen auf den Landstraßen. Bei der Belagerung von Paris 1870 setzten sich die Belagerten mit Hilfe solcher Tauben mit ihren Verbündeten in den Provinzen in Verbindung. Während der nebeligen Tage und langen finsteren Nächte der fünf Wintermonate ließ man nämlich von Paris aus fast eine Nacht um die andere einen Luftballon aufsteigen, der in seinem Schiffchen Personen, Zeitungen, Briefschaften und meistens auch eine Anzahl Brieftauben trug. Die Mehrzahl jener Ballons gelangte glücklich in entlegenen französischen Landschaften zur Erde und entging der Wachsamkeit der Belagerer. Man beförderte die Tauben anfänglich sofort nach Tours und später, als dieser Ort in den Händen der Deutschen war, nach Poitiers. Dorthin wurden auch alle Nachrichten gesandt, welche man den Behörden von Paris oder daselbst befindlichen Privatpersonen zukommen lassen wollte.

Man stellte diese Nachrichten in Form einer Zeitung zusammen, vervielfältigte sie auf photographischem Wege und verkleinerte sie zugleich auf einen winzigen Maßstab. Anfänglich übertrug man diese Photographien auf feines Papier, später nahm man hierzu besonders zubereitete Häutchen, die so leicht waren, daß 18 derselben noch nicht ein halbes Gramm an Gewicht hatten. Eine solche Anzahl ließ sich zusammengerollt bequem in eine Federpose stecken, die versiegelt ward. Mittels eines Seidenfadens befestigte man die Federpose an der mittleren Schwanzfeder der Taube und ließ letztere fliegen. Je nach der Wichtigkeit der Nachrichten und je nach dem Vorrat von Pariser Brieftauben, über welche man zu verfügen hatte, ließ man gleichzeitig 6, 10, ja selbst bis 30 Tauben mit gleichlautenden Nachrichten abfliegen, von denen gewöhnlich wenigstens einige glücklich in Paris anlangten. Dort nahm man ihnen die Depeschen ab und brachte dieselben auf das Oberpostamt. Mit Hilfe photographischer Apparate wurden die Schriftstücke zunächst wieder so stark vergrößert, daß sie bequem zu lesen waren; dann überlieferte man sie denjenigen Personen, für welche die Absender sie bestimmt hatten. So waren trotz der engen Einschließung der Stadt und trotz der Wachsamkeit der deutschen Truppen fortwährend die Behörden in den Provinzen von dem Zustande der Stadt und jene in Paris von den Vorgängen im Lande unterrichtet. Während jener fünfmonatigen Einschließung hat man gegen 300 solcher Brieftauben nach Paris fliegen lassen, von denen mehr als 70, also ungefähr der vierte Teil, glücklich angekommen sind und den Parisern gegen 115 000 Depeschen überbracht haben.

Nach Beendigung des Krieges hat auch infolge jener gemachten Erfahrungen die deutsche Heeresverwaltung ihr Augenmerk ebenfalls auf die Zucht und etwaige Verwendung dieser geflügelten Boten gerichtet.

Die Tauben fliegen nicht nur, wenn sie gescheucht werden oder der Hunger sie treibt, sie halten auch zu ihrem Vergnügen in ganzen Schwärmen förmliche Flugübungen. Alle Haustauben stammen von der Felsentaube (Columba livia) ab. Man kennt gegenwärtig gegen 90 Rassen Haustauben. Der sogenannte Feldflüchter ist der Felsentaube, die, die gegenwärtig besonders in den Küstenländern des Mittelmeeres, jedoch auch in nördlicheren Gegenden, in Menge wild vorkommt, am ähnlichsten geblieben. Sie wählt sich zum Nisten gewöhnlich Löcher und Klüfte in hohen steilen Felswänden, von denen sie einen bequemen Überblick auf die Gegend hat, und siedelt sich auch in Städten gern auf Kirchtürmen an. Dergleichen Feldflüchter lieben einen hochgelegenen Schlag; Haustauben dagegen, besonders solche Sorten, die schlecht fliegen, zieht man besser in tieferen Räumen.

Brieftaube.

Neben dem Flugloch des Taubenschlags bemerken wir ein flaches Kästchen. In demselben ist eine Mischung aus Lehm und Anis, die als eine Leckerei von den Tauben gelegentlich aufgepickt wird. Das Flugloch wird durch ein Fallgitter geschützt, das jeden Abend herabgelassen wird, um die Tauben vor nächtlichem Besuche durch Marder, Iltis oder Katzen zu schützen. An Taubenhäusern, die frei auf einem mit glattem Eisenblech beschlagenen Pfahl stehen, ist ein solches Fallgitter nicht nötig. Hier kommt es manchmal vor, daß eine Schleiereule ihr Nest mit in den Taubenschlag baut. Obschon dieser Nachtraubvogel andere kleine Vögel nicht schont und selbst Singvögel zerreißt, die in ihrem Käfig während der Nacht vor dem Fenster hängen geblieben, tut er sonderbarerweise doch weder den alten noch den jungen Tauben etwas zuleide, wenn auch dieselben dicht in seiner Nähe sind. Die Tauben zeigen auch nicht die geringste Furcht oder Unruhe dieses Gastes wegen. Um so übler werden sie von den Ratten behandelt, welche die Nestvögel zerreißen oder fressen.

Auf den Bau ihres Nestes verwenden die Tauben wenig Sorgfalt; man gibt ihnen deshalb gewöhnlich kleine, aus Stroh geflochtene Nester, in welche sie dann noch selbst etwas Stroh zur Unterlage für die Eier bringen. Sehr ungern paart man in verschlossenen Taubenschlägen solche Tauben miteinander, die in demselben Neste aufgewachsen sind. Sie bekommen gewöhnlich nur wenige Nachkommen. Taubenfreunde, die besondere Spielarten ziehen wollen, verfahren sehr wählerisch beim Paaren der Tauben. Sie prüfen genau die Eigentümlichkeiten der Alten, da durch dieselben die Beschaffenheit der Jungen bedingt wird. Sind die Taubenschläge warm gelegen, befinden sie sich z. B. an der Wand einer geheizten Wohnung, so fangen die Tauben möglichenfalls schon im Januar an, Eier zu legen, und können innerhalb eines Jahres sogar bis achtmal Junge haben. In kalten Taubenschlägen brüten sie dagegen weniger, die Feldflüchter in der Regel nur zwei- bis dreimal. Die Täubin legt stets zwei rundliche, reinweiße Eier und brütet sie gewöhnlich von nachmittag 3 Uhr bis zum nächsten Vormittag 10 Uhr, in der übrigen Zeit wird sie vom Tauber abgelöst, der sich jedoch hierbei ziemlich ungeduldig benimmt. Nach 16—22 Tagen schlüpfen die Jungen aus dem Ei.

Sie sehen anfänglich sehr häßlich aus und werden von den Alten in eigentümlicher Weise gefüttert. Der zweite Magen der Tauben sondert eine weißliche, in etwa der Milch ähnliche schleimige Flüssigkeit ab, und zwar dann, wenn die Tauben Junge haben, in reichlicherem Maße als gewöhnlich. Es findet sich dann in jenem Magen eine käsige Masse; die Alten würgen dieselbe herauf und füttern die Jungen damit. Nach einiger Zeit bekommen letztere auch kleine Mengen halbverdauter Körner, bis sie endlich lernen selbst zu fressen.

Wir werden von unserem Freunde ermahnt, die jungen Tauben in den Nestern nicht anzugreifen. Werden die jungen Tiere beunruhigt, so verlassen sie häufig das Nest früher, als es für sie gut ist. Die Alten verwenden dann weniger Sorgfalt auf ihre Ernährung, und andere Tauben, denen die Ausläufer zu nahe kommen, hacken sie, so daß sie kränkeln und nicht selten davon sterben. Nach vier Wochen sind den Jungen die Federn gewachsen, nach fünf Wochen verlassen sie das Nest und in der siebenten Woche fangen sie an zu fliegen und ernähren sich selbst. Bereits nach vier Monaten können sie selbst Eier legen. Obschon die Tauben bis 30 Jahre alt werden können, sind sie doch nur 10—12 Jahre, ja manche Sorten selbst nur bis 8 Jahre zur Zucht nutzbar.

Wer seinen Tauben das ganze Futter kaufen muß, hat, außer etwa seinem Vergnügen, keinen sonderlichen Vorteil von ihnen. Sie verlangen Weizen, Gerste, Wicken oder Erbsen. Wo es die Umstände erlauben, müssen die Tauben ausfliegen und sich den größten Teil ihres Unterhalts selbst auf dem Felde suchen können. Freilich fressen sie dem Landmann außer dem Unkraut auch manches Samenkorn mit hinweg, das er dem Boden anvertraute, und werden von manchen Leuten deshalb für ebenso schädlich angesehen, wie andere sie wegen ihres Nutzens preisen. Letzterer besteht vorzugsweise darin, daß sie die Samen der lästigen Vogelwicken verzehren. Ein Beobachter berechnete, daß ein Flug von etwa 20 Paar Tauben in einem Jahre 31 980 000 Vogelwicken verzehren könne.

Im Kropfe hat man bei den Tauben auffallenderweise außer Körnern auch tierische Nahrungsmittel gefunden, kleine Schnecken, Regenwürmer, Raupen und Mehlwürmer, die sie gelegentlich mit aufgepickt haben. Im Winter kann man dem Futtergetreide auch wohl etwas frisch gekochte und zerkrümelte Kartoffel beimengen. Hält man den Schlag verschlossen, so ist es nötig, daß sie außer dem Futter auch hinreichend Wasser und Sand bekommen, außerdem auch etwas zerstoßenen Kalkmörtel und zerstoßenen Ziegelstein, ebenso Salz. Haben sie Junge, so gibt man ihnen auch Rübsen, Mohn und ähnliche kleine Samenkörner. Des Ungeziefers wegen muß man den Taubenschlag öfter reinigen, besonders auch die Nester nach der Brutzeit. Den Boden bestreut man mit Sand, Häckerling u. dgl.

Seit den ältesten Zeiten ist die Taube als Hausvogel bekannt. Schon dem Noah ward sie zum Lieblingsvogel, da sie ihm durch das Ölbaumblatt das Wiedererwachen der Natur verkündigte. In Persien und Ägypten wurden, soweit überhaupt geschichtliche Nachrichten reichen, auch stets Tauben in großen Mengen gehalten, und in den mohammedanischen Ländern werden sie so heilig geachtet, daß sie gewöhnlich die Dächer und Türme der Moscheen zahlreich bewohnen. In Mekka gehört es mit zu den verdienstlichen Handlungen der Pilger, die heiligen Tauben zu füttern. In welchen Mengen in manchen Ortschaften die Tauben vorhanden sind, ersieht man aus der Erzählung des Reisenden Dr. Barth; dieser teilt mit, daß man in Timbuktu, der Hauptstadt der Nigerländer in Westafrika, für einen Dollar (etwas mehr als 4 Mark) 300 Stück junge Tauben verkauft; das Stück kostet daselbst also wenig mehr als einen Pfennig.

Mitunter gewöhnt man auch wohl junge Holztauben daran,

mit den Haustauben im Schlage gemeinschaftlich zu nisten und zu brüten. Die Holztaube ist bei uns einheimisch und bewohnt besonders gern Gebirgswaldungen. Sie baut ihr Nest in Löcher hohler Bäume, manchmal auch in Felsritzen.

Größer als sie ist die Ringeltaube, die ihren Namen von einem großen halbmondförmigen Flecken erhalten hat, der sich an jeder Seite des Halses befindet. Sie baut in den Waldungen unseres Vaterlandes auf Baumzweige ein künstliches Nest aus dürren Reisern, das jedoch der Wind leicht herabwirft. Auch sie läßt sich, obschon schwieriger, zum Nisten in Taubenschlägen gewöhnen.

Die Turteltaube und Lachtaube hält man nur zum Vergnügen in der Stube. Die Turteltaube brütet bei uns in Deutschland. Sie kommt gegen Ende April zu uns und nistet in gemischten Waldungen. Sie ist nur so groß wie eine Drossel, an der Kehle und am Bauche weiß, an Hals und Brust fleischrot, violett glänzend, sonst hellblaugrau. An beiden Seiten des Halses ist ein schwarzer Fleck mit drei bis vier halbmondförmig gekrümmten weißen Querstrichen gezeichnet. Besonders schön sehen die buntroten Flügel aus. Dieser sehr zutrauliche Vogel wird in ungesunden, feuchten Wohnungen von ähnlichen gichtischen Krankheiten befallen wie der Mensch, und deshalb glaubte man irrtümlich, daß er die Krankheiten aus der Luft an sich ziehe und die übrigen Zimmerbewohner dadurch vor denselben bewahre. Die Lachtaube ist dagegen wegen ihres lachenden Rufes beliebt. Sie ist von dem wärmeren Asien aus zu uns gebracht worden und deshalb gegen die Kälte unserer Winter empfindlich. Im Zimmer unterliegt sie, wie die Turteltaube, auch zahlreichen Krankheitsfällen, erreicht deshalb höchstens ein Alter von acht Jahren, läßt sich aber leicht zum Brüten bringen. Selten bringt sie mehr als ein Junges auf. Die Lachtaube ist etwas größer als die Turteltaube, am Oberkörper rötlichweiß und am Halse jederseits mit einem schwarzen Fleck gezeichnet. Am liebsten fressen die Lachtauben Weizen, außerdem aber auch Hirse, Lein, Mohn, Rübsamen, Brot und Semmel.

4.

Im Keller.

Heute treten wir miteinander eine kleine Reise in den Keller an, in die Unterwelt des Hauses, nach jenem Orte, der manchem Kinde ein gepriesenes Paradies dünkt, voll vielerlei Schätzen und Kostbarkeiten, wenigstens solcher für den leckeren Gaumen, der aber andere, Furchtsame, als Ort des Grauens an alle die Schauergeschichten erinnert, welche sich an die Burgverliese alter Raubnester knüpfen.

Daß sich ein Kind zunächst gewöhnlich vor dem Keller fürchtet, hat seinen natürlichen Grund darin, daß er finster ist. Im Finstern droht ja sogar der Nase Gefahr, diesem Wegzeiger durchs Leben, warum nicht auch anderen Gliedern? Und wer möchte sich nicht vor Schaden wahren und lieber wandeln droben im rosigen Licht, als drunten in schauriger Finsternis!

Hat der Keller aber, wie das bei neuangelegten Gebäuden jetzt meist der Fall ist, gehörig Luftlöcher und Lichtluken, oder haben wir uns mit hellstrahlender Laterne bewaffnet, so sind wir gegen alle etwaigen Übel gesichert — vorausgesetzt, daß wir im Sommer nicht erhitzt oder zu leicht gekleidet sind, um gegen Erkältungen geschützt zu sein. Wir werden bei unserer Wanderung durch die Unterwelt zwar auch die Gefahren kennen lernen, die der Keller für uns bergen kann, anderenteils aber auch vielleicht manches treffen, das uns in angenehmer Weise interessieren wird.

Wir steigen vorsichtig die Stufen hinab, bis wir unten in den gewölbten Hallen angelangt sind. Unser Auge ist noch vom Tageslichte geblendet, es muß sich erst allmählich an das Dämmerlicht hier unten gewöhnen; dagegen fällt unserem Gefühl sofort die Temperatur des Kellers auf, die in den meisten Zeiten des Jahres von der Temperatur droben im Hause und im Freien abweicht. Wir pflegen wohl zu sagen: im Sommer ist es im Keller kalt und im Winter warm. Das Wahre ist, daß sich in einem guten Keller, d. h. in einem solchen, der gegen die Einflüsse der Witterung möglichst geschützt ist, die Wärme während des ganzen Jahres ziemlich gleich bleibt. Wie geht dies zu?

Die Oberfläche der Erde empfängt im Sommer während des Tages von der Sonne eine ansehnliche Wärmemenge; davon gibt sie zwar bei Nacht eine gewisse Menge wieder ab, behält aber immer noch ein gut Teil übrig, das sich ganz allmählich den tiefer und tiefer liegenden Erdschichten mitteilt. Je nach der Beschaffenheit der letzteren, je nach der Lage des Ortes gegen die Sonne und je nach der Art und Weise, wie seine Oberfläche bedeckt ist, wird sowohl die Wärmeerzeugung als auch die Wärmeverbreitung eine etwas verschiedene sein, schließlich aber stets ein wenigstens annähernd ähnliches Ergebnis liefern.

Im Winter ist der Fall umgekehrt. Die Abgabe der Wärme beginnt auch erst an der Oberfläche des Erdbodens und schreitet nur allmählich nach unten fort. Der Schnee und selbst die oberen gefrorenen Schichten setzen dem Vordringen der Kälte einen Damm entgegen. Der Wärmewechsel, welcher durch den Einfluß der Jahreszeiten, durch die Strahlen der Sonne hervorgerufen wird, macht sich in der Erde nur auf eine geringe Tiefe bemerklich. Tiefer hinab bleibt sich die Wärme jahraus, jahrein zu jeder Zeit gleich. Dort ist gleichsam das Kapital der Wärme aufbewahrt, das die Erde von der Sonne erhalten und sich aufgespart hat. Die jährliche Wärmeeinnahme ist bedeutender als die Wärmeausgabe, die wir Kälte nennen; es bleibt ein Überschuß, der ein Jahr so viel beträgt wie das andere. Gute Keller zeigen bei uns gewöhnlich gegen 8 Grad Wärme, d. h. ebensoviel wie das Brunnenwasser. Ist nun im Winter droben eine Kälte von vielleicht 18 Grad, und wir steigen in den Keller, so finden wir es hier im Vergleich mit draußen auffallend warm, da ja der Unterschied wirklich 26 Grad beträgt. An der Kellertür strömt uns ein dicker feuchtwarmer Dampf entgegen, der sich in Reifflocken an die Türgewände und die Ritzen der verschlossenen Kellerluken setzt. Hat dagegen droben die Sommersonne bis auf 20 und einige Grad Wärme eingeheizt, und wir treten in den Keller, so empfindet unser an die Hitze gewöhnter Körper einen eisigen Hauch, da es ja hier im Verhältnis zu droben gegen 12 Grad kälter ist. Wer bei solcher Gelegenheit im Sommer unvorsichtig genug ist, vielleicht gar schweißtriefend und leicht gekleidet in die kühle Tiefe zu steigen, kann sich so erkälten, daß er sich Blindheit, Taubheit oder sonst ein Unglück zuzieht.

In kalten Ländern, z. B. in Grönland und Sibirien, ist schon dicht unter der Oberfläche die Erde das ganze Jahr hindurch zugefroren. Der Eskimo, der seine Heidelbeeren und Fische aufbewahren will, braucht nur ein mäßig tiefes Loch zu graben, er stößt dann in geringer Tiefe schon auf Eis, mitten im Sommer, und kann seine Vorräte getrost dort unterbringen. Sie gefrieren zu festen Klumpen und verderben nicht.

In heißen Gegenden ist es auch im Keller heiß. Die Reisenden welche die tiefen Gänge und Gemächer der Pyramiden besuchten, klagen über die drückende Schwüle, welche dort herrscht. Sie kamen in Schweiß gebadet wieder heraus. Keller in Afrika haben eine Wärme, wie wir sie an heißen Sommertagen an der Oberfläche der Erde kaum kennen, und die Reisenden in der Wüste können unbesorgt vor Erkältung im warmen Sande schlafen — wenn sie vor dem kleinen und großen Getier Ruhe haben, was dort sein Wesen treibt.

Ähnlich wie es mit dem Wärmeverhältnisse des Kellers ist, zeigt sich auch der Feuchtigkeitszustand desselben. Tau und Regen, Reif und Schnee, welche die Oberfläche des Erdbodens benetzen, verdunsten zum Teil wieder, teilweise verlaufen sie sich nach den Bächen und Flüssen, zum Teil aber sinken sie allmählich in die Erde ein. Manche Erdarten, z. B. Sand, lassen das Wasser schnell durchdringen, nehmen es rasch ein und geben es ebenso rasch weiter. Ton und ähnliche Erdarten halten die Feuchtigkeit dagegen fester. Die tieferen Erdschichten enthalten die Feuchtigkeitsmengen, welche die betreffende Gegend als Regen bekommen hat. Die jährliche Einnahme von Wasser ist ebenfalls größer als die Ausgabe, und die Ersparnisse davon sammeln sich in der Tiefe; fast so, wie es ehedem wohl Geizhälse liebten, ihre ersparten Schätze im Keller aufzuheben. Von Wichtigkeit ist hierbei die Richtung, welche die wasserführenden Erdschichten haben, und es findet in bezug auf die Feuchtigkeit der Keller die größte Mannigfaltigkeit statt, wenn sie auch in der Wärme sich gleich sind. Liegt ein Keller an sumpfiger Stelle, durchschneidet er Erd- und Gesteinschichten, welche die Feuchtigkeit von höheren Stellen herbeileiten, so kostet es große Mühe, ihn vor Überschwemmung zu schützen. Man sucht dann wohl seine Mauern und seinen Grund durch Ausgießen mit geschmolzenem Asphalt oder mit Wassermörtel (Zement) zu verwahren, oder legt, wenn man keinen besseren Rat weiß, eine Senkgrube an, in welcher das Wasser zusammensickert und aus der man es schließlich zeitweise ausschöpft oder auspumpt. Nur in seltenen Fällen sind Keller durch besondere Trockenheit ausgezeichnet; meist sind sie feucht, wenn auch in sehr verschiedenen Graden.

Die gleichmäßige Temperatur ist es, die man bei Anlage eines Kellers zu erreichen wünscht; die Feuchtigkeit dagegen ist der Feind, welcher den Menschen drunten störend verfolgt und ihm Unannehmlichkeiten bereitet.

Alle Speisen, welche bei höherer Wärme bald in Fäulnis und Gärung übergehen: Fleisch, Fruchtsäfte, Milch, Käse u. dgl., ebenso solche, die in der Hitze vertrocknen, wie Gemüse und Brot, oder die ihr gefälliges Ansehen verlieren, wie Butter, werden während des Sommers im Keller untergebracht. Im Winter flüchten sich dort hinunter alle Dinge, welche den Frost fürchten müssen, aber weder die Stubenwärme noch etwa den Aufenthalt in Stallungen vertragen können. Kartoffeln und Gemüse, Wurzelwerk und Zwiebeln ruhen nebst Wein- und Bierflaschen da unten. Selbst die größeren, in Kübeln stehenden Pfleglinge aus dem Gewächsreich werden wohl hier ausnahmsweise einquartiert.

Für Wein und Bier ist der Keller derjenige Ort, an welchem sie erst ihre höhere Ausbildung erlangen. Für sie ist die gleichmäßige Temperatur die erste Bedingung eines gewünschten Gedeihens. Bei der

Herstellung von schweren Lagerbieren mit sogenannter Untergärung ist aber selbst die geringste Wärme, die unsere Keller besitzen, noch zu hoch. Sie würden sich durch dieselbe allmählich zu obergärigen Bieren umwandeln oder verderben, wenn man nicht gleich anfangs stärkere Abkühlungsmittel anwendete. Man setzt dann gern Eiskeller mit dem Keller für Lagerbier in Verbindung und kühlt das neueingefüllte Bier durch eingestellte hohle Blechbüchsen, die man mit Eis gefüllt hat. Das Eis selbst schützt man im Keller noch durch Stroh und Holzlager, da diese das Durchdringen der Erdwärme als sogenannte schlechte Wärmeleiter bedeutend verlangsamen. So kann man die Eisschollen, welche man im Winter einschaffte, bis zum Herbst hin erhalten. In Gegenden freilich, in denen die Erdwärme viel höher ist und wo der Winter kein Eis erzeugt, muß man sich mit solchem Eis begnügen, das entweder von höheren Gebirgen oder zu Schiffe aus kälteren Ländern zugeführt oder mittels der Eismaschine künstlich bereitet wird.

An Kellern für Lagerbiere bringt man auch an gegenüberstehenden Seiten Zuglöcher an und läßt im Winter bei Frostwetter die Luft hindurchstreichen, so daß sich die Räume bedeutend erkälten. Beim Eintritt wärmerer Witterung verschließt man die Zugröhren mit Asche, welche die Wärmeveränderungen nur sehr langsam durchdringen läßt. In dergleichen Kellern kann man ohne größere Eismassen längere Zeit die Luftwärme um 3—4 Grad geringer finden als in gewöhnlichen. Die Bewohner von Hochgebirgen benutzen mitunter die Spalten der Gletscher während des Sommers als kalte Kellerräume zum Aufbewahren von Fleisch.

Der Mangel an Licht macht im Keller trotz der Feuchtigkeit das Gedeihen aller derjenigen Wesen unmöglich, denen der helle Sonnenstrahl Lebensbedürfnis ist. Treiben die hier aufgestellten Pflanzen (die man nur äußerst wenig begießen darf) ja Sprossen, so sind letztere schlaff, kraftlos und bleich und sinken später, wenn sie an Tageslicht kommen, zusammen. Die langen Stengel, welche die Kartoffeln im Keller entwickeln, bleiben farblos, die Blätter an ihnen sind meist nur schuppenförmig, und die Säfte, welche sie enthalten, sind giftig; sie weichen ab von denen, welche sich im Freien entwickeln. Im Keller gedeiht kein freudig-grünes Blatt, keine Blüte, keine Frucht einer vollkommneren Pflanze — es fehlt das Licht; hier wachsen nur Schimmel- und Pilzbildungen zum Verdruß der Menschen.

Wir vermeiden eine abermalige Aufzählung der Algen- und Schimmelformen, die wir bei unseren Wanderungen in der Wohnstube bereits vorführten. Nur auf eine interessante Pilzgruppe wollen wir aufmerksam machen, welche das Holzwerk der feuchten Keller ergreift und die das Leuchten desselben verursacht. Diese Pilzwucherung wächst an faulendem Holzwerk in wurzelähnlichen Fasern oft mehr als armlang, aber verborgen fort und besteht aus Fäden, die hin und wieder knotig angeschwollen sind. Die stärkeren, älteren Fäden sehen schwarzbraun aus, alle jüngeren Spitzen aber sind wachsähnlich hell und verbreiten ein phosphorisches Licht. Es gewährt einen sonderbaren Anblick, wenn von einem durchfaulten Stück Kellerholz die un-

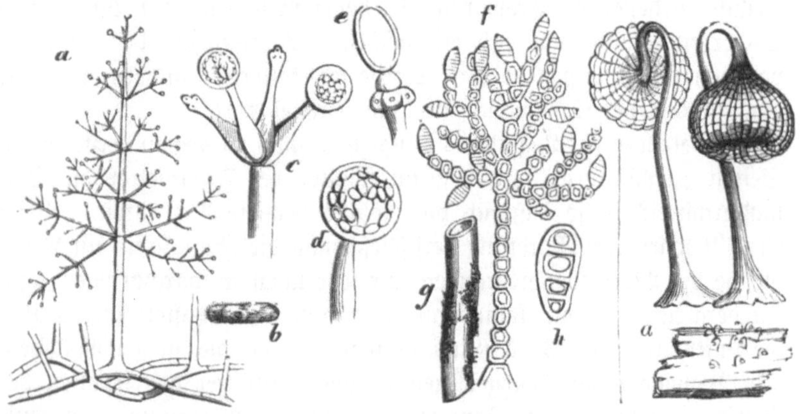

Baumförmige Schimmelbildungen. a—e roter Kartoffelschimmel. f—h Baumschimmel. — Netzpilz.

scheinbare Außenseite abgestoßen wird und nun hier unten im Finstern das ganze Stück wie weißgelbes Feuer flammt und leuchtet, trotzdem es sich feucht und kalt anfühlt.

Man hielt dieses wurzelähnliche Pilzgeflecht ehedem für eine besondere Pilzgattung, nannte dieselbe Wurzelpilz (Rhizomorpha) und unterschied auch mehrere Arten derselben. Neuerdings hat man dagegen gefunden, daß es nur unfruchtbare, in Holz versenkte Wucherungen höherer Pilze, namentlich des Hallimasches, Agaricus melleus, sind.

Die Luftarten, welche sich beim Wachsen jener Pilze wie beim Faulen des Holzes entwickeln, sind dieselben, die sich auch beim Verbrennen des Holzes, nur in stärkerem Maße erzeugen. Sie bestehen hauptsächlich aus Kohlensäure. Kohlensäure erzeugt sich auch beim Gären des Bieres und Weines, und wir erinnern uns daran, daß ja die Hefe, welche die Gärung hervorruft, auch ein sprossender Pilz ist. Diese Pilze ähneln darin den Tieren, daß sie Kohlensäure aushauchen und den Sauerstoff aus der Luft aufnehmen. Bei anderen Pflanzen findet ein ähnliches Verhältnis nur im frühesten Alter beim Keimen statt.

Häuft sich in einem Keller die Kohlensäureluft in größerer Menge an, so wird es gefährlich ihn zu betreten. In jener Luftart erlischt die brennende Lampe, in ihr wird es aber auch unserem Lebenslicht unmöglich, weiterzubrennen. Die Kohlensäure ist es vorzüglich, welche dazu zwingt, Luftlöcher im Keller anzubringen und für hinreichenden Luftwechsel zu sorgen, und zwar um so mehr, als gärende Stoffe, Bier, Wein u. dgl., im Keller vorhanden sind.

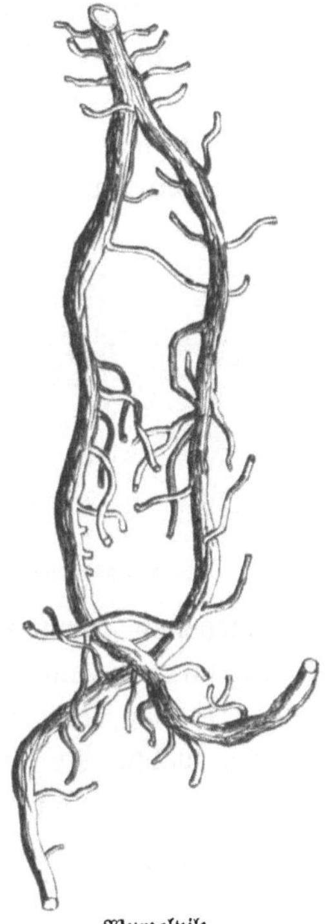
Wurzelpilz.

Außer den leuchtenden sogenannten Wurzelpilzen kommen auch noch andere Pilz- und Schimmelbildungen im Keller vor, teils am Holzwerk, teils an den feuchten Mauern, teils aber auch an den Gegenständen, die dort zur Aufbewahrung hingestellt sind. So sehen wir an dem feuchten Holze weißglänzende Rasen von Handbreite, die fast feiner Baumwolle gleichen, aber bei Berührung leicht zusammenfallen. Wir haben den flockigen Gruftschimmel (Byssus floccosa) vor uns. Daneben wird unser Blick auf ein mächtiges Weinfaß gelenkt, das seit Jahren in ungestörter Ruhe hier seinen Nektar birgt. An seinen Seiten ziehen sich gleich Samttapeten Teppiche von mehr als Armlänge herab, die schwarz aussehen, dabei eigentümlich grünlich schillern und gelb und rot gefleckt sind. Dies ist das sogenannte Kellertuch (Lappenpilz, Zasmidium cellare), eine Schimmelform, welche aus dicht verwebten, perlschnurähnlich gegliederten Fäden besteht. Eine nahe verwandte Art, der Mauerschleimschimmel (Torula murorum), tapeziert als krauser, dunkelolivenfarbener Überzug die feuchte Kellerwand, und eine wahre Musterkarte von weißen, gelben, zinnoberroten, grauen, braunen und schwarzen Pünktchen und Flecken von der unbedeutenden Kleinheit eines Hirsekörnchens bis zur Ausdehnung von mehreren Spannen, findet sich über Steine, Holzwerk, an den Fässern, sogar an solchen, die Essig enthalten (auf dem Essig selbst die Essigmutter, eine Bakterie, als zähe Haut), an den Kartoffeln, Rüben und anderen hier aufbewahrten Dingen aus dem Pflanzen- oder Tierreich ausgebreitet (s. S. 28 die Abbildung, darstellend den zinnoberroten Kartoffelschimmel, Acrostalagmus cinnabarinus, von faulenden Kartoffeln, und einen baumähnlichen Schimmel, Dendryphium penicillatum, von vermodernden Pflanzenstengeln, desgleichen den genabelten Netzpilz, Dictydium umbilicatum, der auf moderndem Holzwerk gedeiht; sämtlich bedeutend vergrößert).

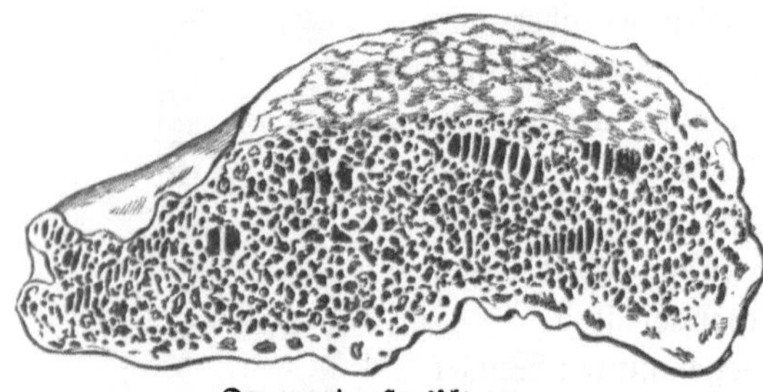

Der gemeine Hausschwamm.

Das genaue Durchsuchen eines solchen Raumes, ein Betrachten und Erforschen der vielfach verschiedenen Formen jener kleinen Gewächse mit Hilfe des Mikroskops könnte uns tagelang beschäftigen, und wir würden eine Flora zusammenstellen können, die einige Ähnlichkeit mit jener „unterirdischen Flora" besäße, welche Alexander von Humboldt beim Studium der Gruben der Freiberger Bergwerke verfaßte.

Ehe wir die Betrachtung der Schimmel- und Pilzbildungen, die im Wohnhause vorkommen, schließen, müssen wir noch eines hierher gehörigen Gewächses gedenken, und zwar des verderblichsten von allen, des berüchtigten Hausschwamms (tropfender Aderpilz, Merulius lacrimans). Dieser gedeiht am liebsten im unteren Stockwerk an der Unterseite der Dielen und an den dort befindlichen Lagerhölzern, und zwar um so leichter und üppiger, wenn dieselben weichen Holzarten angehören, Splintholz enthalten, das noch reich an Nahrungsstoffen ist und in der Saftzeit gefällt wurde. Eichenholz wird seltener und dann auch nur in geringerem Grade, besonders wenn es gut ausgetrocknet war, davon angegriffen. Das Entstehen und Gedeihen des Hausschwamms wird sehr befördert durch die aus dem Grunde aufsteigende Feuchtigkeit und den Mangel an Luftwechsel. Da, wo der

Grund Wasser enthält und solches nicht durch darunter befindliche Kellergewölbe eine Ableitung erhalten kann, muß für eine möglichst wasserdichte Unterlage aus Wassermörtel gesorgt werden. Der Hausschwamm nimmt nach den Verhältnissen, unter denen er wächst, sehr abweichende Formen an. Unterhalb der Dielen stellt er einen weißen, spinnewebeähnlichen Überzug dar. Erhält derselbe mehr Raum und Luft, so wird er dicker und seine Fasern teilen sich in lockere Bündel. Dringt er zum Lichte hervor, so entwickelt er sich zu einem schüsselförmigen Körper, der innen gelblich, dann braun und schwarz und am Rande weißflaumig eingefaßt ist. Jener Rand tröpfelt eine wässerige Flüssigkeit aus, welche anfänglich klar ist und später milchig wird. Sie enthält zahllose Fortpflanzungszellen, die allenthalben neue Pilze erzeugen, wo sie hinkommen. Man merkt den Hausschwamm gewöhnlich nicht eher, als bis es zu spät ist, bis vielleicht die Dielen plötzlich unter den Füßen der Bewohner brechen. Vorher kündigt er sich dem Aufmerksamen durch einen eigentümlichen unangenehm dumpfigen Geruch an, auch durch ein feines Pulver aus Samenzellen, welches sich auf den Gerätschaften des Zimmers ablagert. Durch die Luftverderbnis, die er herbeiführt, sowie durch jenen Staub erzeugt er bei den Bewohnern solcher Zimmer vielfach Krankheitszufälle.

Außer dem tropfenden Aderpilz nimmt auch eine zweite Pilzart unter dem Namen Hausschwamm an dem verderblichen Werke teil, der zerstörende Löcherpilz (Polyporus destructor). Er gehört zu den mit einem Hut versehenen Pilzen und ist weniger zu fürchten als der erstere. Sein Hut ist länglich, flach und von weißlichbrauner Farbe.

Außer dem bereits angegebenen Beseitigen der Grundfeuchtigkeit, dem Herzuführen von frischer Luft und dem Ersatz der angefressenen Hölzer durch frische, gesunde und ausgetrocknete, wird auch ein Rösten der letzteren in geschlossenen Gefäßen oder ein Bestreichen derselben mit verdünnter Schwefel- oder Salzsäure, mit Ölfirnis, Petroleum oder mit einer Lösung von Kolophonium in Leinölfirnis anempfohlen.

Bei einer genauen Durchmusterung des Kellers werden wir auch mancherlei Algenformen mit zu Gesicht bekommen, auch einige von jenen, die sich bereits in feuchten, dumpfigen Zimmern ansiedeln. An Infusionstierchen und ähnlichem winzigen Tierleben wird es ebenfalls nicht fehlen. Wir könnten Jagden mit dem Vergrößerungsglas anstellen auf jenes Wildbret, das sich von den Früchten der Schimmelwaldungen ernährt.

Von all dem Getier, das im Keller lebt und webt, verweilen wir für heute nur einige Augenblicke bei der sonst so verachteten Kellerassel (Oniscus scaber) und ihrer nahen Verwandten, der Mauerassel (Oniscus murarius). Beide gegen $1^1/_2$ cm lange Tierchen werden von den Naturforschern als weitläufige Verwandte des Krebses bezeichnet. An ihrem Köpfchen tragen sie außer den Fühlern zwei deutlich erkennbare Augen. Die sieben Ringe der flachgedrückten Brust ragen an den Seiten etwas vor, und jeder derselben trägt ein Paar mit kurzen Krallen endende Beine. Der Nachleib besteht aus sechs Ringen, welche ebensoviele Paar Afterfüße tragen, von denen die 5 ersten Paare zu Atmungsorganen umgewandelt sind. Jedes dieser Atmungswerkzeuge besteht aus zwei Blättchen. Das innere derselben ist zarthäutig und geeignet zur Aufnahme der feuchten Kellerluft. Das zweite darüber liegende Blatt dient als fester schützender Deckel.

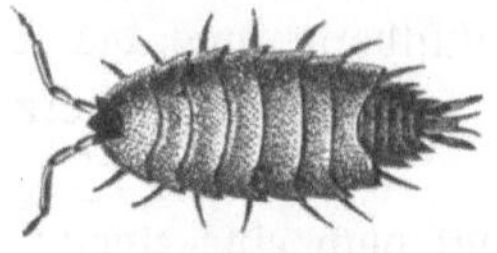

Kellerassel.

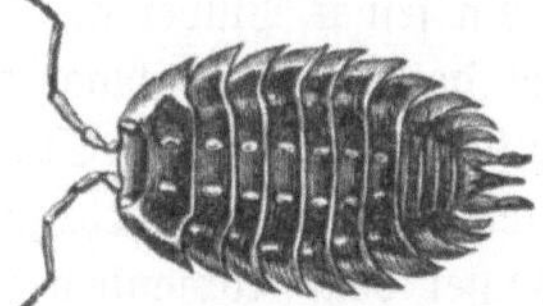

Mauerassel (vergrößert).

Keller- und Mauerasseln verzehren nicht allein vermodernde, sondern auch frische Pflanzenstoffe, sie können daher, wenn sie in großer Zahl auftreten, einen beträchtlichen Schaden anrichten. Selbst bei diesen unscheinbaren Tieren zeigt sich aber die zärtlichste Fürsorge für die noch hilflosen Kinder. An den Brustfüßen der Weibchen befinden sich blattartige Anhänge. Unter diesen verbirgt die Assel ihre Eier und dann mehrere Tage lang selbst die ausgeschlüpften Jungen, die, außer einer geringeren Anzahl von Leibesringen und Gliedern, den Alten ziemlich ähnlich sind.

Die Kellerasseln wurden vormals von manchen Leuten sehr gefürchtet. Man glaubte, sie wirkten höchst giftig, wenn sie etwa in die Speisen gerieten und mitgenossen würden. In anderen Gegenden sollen sie dagegen noch heutzutage als Arzneimittel gegen Wechselfieber und andere Krankheiten eingenommen werden, freilich ohne etwas anderes als Ekel zu erzeugen.

5.

Der Sperling und seine Kameraden.

Da, wo der Mensch sich niederläßt und seine Hütte baut, müssen die wilden Tiere weichen, welche ehedem Herren im Lande waren. Die einen tötet er, die anderen fliehen, da ihnen kein Raum zum Wohnen oder keine Nahrung ohne Gefahr mehr übrig bleibt. Nur wenige Ausnahmen sind vorhanden, daß ein ursprünglicher Bewohner eines Landes hartnäckig seinen Platz behauptet, ohne sich zähmen und in Knechtschaft bringen zu lassen. Ein solcher sonderbarer eigensinniger Bursche ist der Sperling.

Es gibt bei uns auch im Walde, entfernter von den Wohnungen, einen Sperling, den Feldsperling, der etwas kleiner und etwas anders gefärbt ist als unser Hausfreund; — ob aber von diesem etwa der Haussperling abstammt, ist sehr die Frage.

Die Farbe des bekannten Spatzen dünkt uns zwar unansehnlich, schmutzig erdbraun, hat aber bei näherer Betrachtung doch manches Interessante. In ihrem ersten Lebensjahre ähneln die Sperlinge sämtlich dem Weibchen. Am Oberkörper sind sie rotgrau, auf dem Rücken schwarzgefleckt; am Unterkörper sehen sie schmutzig-weißgrau aus. Die jungen Männchen zeigen nur dem geübten Auge bereits eine Andeutung von rostfarbenen Streifen oben hinter den Augen. Bei älteren Männchen ist der Schnabel im Winter hornfarbig, im Sommer dagegen wird derselbe schwarz. Der Scheitel färbt sich bläulichgrau und ist an beiden Seiten mit kastanienbraunen Streifen geziert. Die Gegend des Oberrückens, der sogenannte Mantel, wird rostfarben und ist mit schwarzen Längsstreifen besetzt. Über die Flügel geht eine weiße Binde, und der Vorderhals wird schwarz. In Italien haben die Sperlingsmännchen einen durchaus kastanienbraunen Oberkopf und in Spanien außerdem noch schwarzgefleckte Seiten. Manche Vogelkundige nennen deshalb den italienischen und spanischen Sperling besondere Arten.

Außer der gewöhnlichen Färbung kommen auch einzelne Spatzen vor, welche weißlich, gelb, grau, bläulichgrau, schwarz oder buntfleckig aussehen. Da sie während des Winters gern warme Schlupfwinkel, z. B. Schornsteine, zu ihren Verstecken aufsuchen, so sind manche beim Beginn des Frühjahrs von Ruß ganz schwarz geräuchert, bis ihnen die Mauser wieder ein neues Federkleid verschafft.

Der Sperling bleibt zeitlebens am liebsten an dem Orte, wo er aufgewachsen ist; er zieht den Winter über nicht fort und ist einer von den wenigen Vögeln, die zu jeder Jahreszeit bei uns aushalten. So macht er sich auch mit der Beschaffenheit seiner Umgebung bis ins kleinste vertraut, kennt genau alle Plätze, wo es irgend etwas für seinen Schnabel gibt, und beachtet ebenso aufmerksam alles, was ihm Gefahr bringen könnte. Er hat die Handlungen der Menschen scharf im Auge und merkt bald, ob es ihm gilt oder nicht. Bückt sich der Knabe nur nach einem Steine, so ruft der Spatz schon seinen Genossen den Warnruf „Terrr!" zu und bringt sich in Sicherheit, ist aber kurz darauf auch wieder da, wenn die Gefahr vorüber zu sein scheint. Er unterscheidet die Personen, welche ihm gefährlich sind, genau von anderen, die er nicht zu fürchten hat. Frauen und Mädchen scheut er weniger als Männer, Knaben am meisten. Naht er sich dem Fenster, auf dessen Sims etwa Brotkrümchen gestreut sind, so genießt er nur dann mit Ruhe, wenn er das Fenster geschlossen weiß; aus der Hand nimmt er das Futter nicht.

Am liebsten siedelt er sich auf Dörfern an, in deren Umgebung viel Getreidebau getrieben wird; in Ortschaften, die mitten im Walde gelegen sind, ist er dagegen seltener. Er vereinigt sich zur Zeit, wenn das Getreide reift, mit seinen Genossen. Der ganze Schwarm fliegt dann vormittags und nachmittags aufs Feld und hält mittags und nachts in Baumkronen oder Hecken gemeinschaftliche Ruhe. Vor dem Einschlafen wird jedoch erst großes Geschrei und Lärm vollführt. Die Getreideschober, Scheunentennen und Kornböden sind während des Winters für ihn eine unerschöpfliche Fundgrube, und zum Verdruß der Hausfrau stellt er sich beim Füttern des Hausgeflügels regelmäßig als ungebetener Gast in zudringlichster Weise ein. Hier schnappt er einer Taube das Gerstenkorn vor dem Schnabel weg, gleich darauf weicht er dem Schnabelhiebe eines neidischen Huhnes aus und schlüpft behende zwischen den Füßen des Truthahns hindurch, fortwährend aber für seinen Magen sorgend. Verscheucht man die zudringlichen Mitesser, so schwirren sie vielleicht mit lautem Gezwitscher bis aufs nächste Dach, sind aber frech und unverschämt sofort wieder zurück, sobald die Hausfrau den Rücken kehrt.

Ob er für den Menschen mehr schädlich oder mehr nützlich ist, darüber hat man vielfach hin und her gestritten. Dem Gärtner und Landmann verzehrt er gar zu gern die Sämereien vom Lande und die Körner aus den reifenden Ähren. Ebenso haben die Obstzüchter und Weinliebhaber mit ihnen ihre liebe Not, denn aufmerksamer noch als erstere untersuchen die Sperlinge genau den Zustand der reifenden Früchte und verzehren stets die besten vorweg, wenn ihnen nicht durch dichte Netze solches unmöglich gemacht wird.

Inwieweit die Verscheuchungsmittel ihnen schädlich sind oder nicht, haben die Spatzen bald weg. Kurze Zeit hindurch fürchten sie sich wohl vor den aufgehangenen Papierstreifen, klappernden Windmühlen, klingenden Glasflaschen und ausgestopften Männern, die im Erbsenfelde oder auf dem Kirschbaume hängen — es dauert aber nicht lange, so setzen sie sich dem Scheuchemann selbst auf den Kopf und fürchten sich schließlich sogar vor blinden Schüssen wenig.

Fangen lassen sie sich während des Sommers vollends nicht leicht; sie merken schnell, was eine Falle ist, und suchen sich ihr Futter lieber an anderen Orten, die weniger verdächtig aussehen. Am leichtesten kann man ihrer habhaft werden, wenn man sie durch ausgestreute Körner in einen Stall lockt, dessen Tür man durch einen Faden zum schnellen Zuschlagen bringen kann. Im Winter gehen sie schon leichter in Fallen, die man aus vier Backsteinen mit einem Hölzchen aufgestellt hat, ebenso in Meisenkästchen aus Holunderholz; auch kann man sie dann durch Leimruten fangen, die man neben ausgestreute Körner legt, oder durch Weizenähren, deren Halme man mit Vogelleim bestrichen hat. Das Fleisch der alten Spatzen soll zähe und trocken sein, dasjenige der flüggen Jungen dagegen wird als ein Leckerbissen gerühmt. In Italien baut man für die Sperlinge sogar besondere steinerne Türmchen, in deren Wänden zahlreiche Löcher sind. Diese führen zu Nistkästen, welche man zeitweise untersucht und die jungen Vögel herausnimmt, um sie an dünnen Spießen zu braten.

Mitunter verschneidet man gefangenen Sperlingen die Flügel und läßt sie so im Zimmer herumlaufen, klebt ihnen auch wohl eine Krone oder Grenadiermütze auf den Kopf.

Es gab eine Zeit, wo man den Sperling schonungslos verfolgte und von Obrigkeits wegen sogar die geschossenen Spatzen bezahlte. An anderen Orten waren die Dorfgemeinden sogar verpflichtet, jährlich eine gewisse Anzahl Sperlingsköpfe einzuliefern. Man wollte den Vogel wegen der Nachteile, die er der Landwirtschaft und dem Obstbau zufügt, womöglich ausrotten. Danach machte sich aber wieder die entgegengesetzte Ansicht geltend. Man wollte bemerkt haben, daß sich Raupen und Käfer in demselben Grade vermehrten, wie der Sperlinge weniger wurden, und allerdings vertilgt schon ein einziges Paar im Laufe eines Sommers, besonders beim Füttern der Jungen, eine ansehnliche Menge Insekten, welche dem Menschen noch größeren Nachteil ihrerseits zugefügt hätten. So ist man neuerdings geradezu dahin gekommen, den Sperling als einen nützlichen Vogel zu betrachten, und hat z. B. seiner Zeit eine Kolonie derselben von Europa aus nach Australien übergesiedelt, um dort den Obstpflanzungen und Gemüsegärten gegen die schädlichen Insekten Schutz zu verschaffen. Dem Sperling erging es hierbei gerade wie seinem Verwandten, dem Reisvogel, den man in wärmeren Ländern auch ausrotten wollte, da er den Reisfeldern viel Nachteil zugefügt, bis man bemerkte, daß sich die Insekten in überraschender Menge vermehrten und man an anderen Nutzgewächsen größeren Nachteil davon hatte, als der Schaden am Reis früher betragen.

Es ist übrigens auch gar nicht leicht, in einer Gegend die Sperlinge auszurotten, und möchte nur an wenigen Orten früher gelungen sein. Denn einmal sind sie keck, dreist und schlau genug, um den Nachstellungen geschickt zu entfliehen, dann aber vermehren sie sich auch rasch.

Im April beginnen die Sperlinge gewöhnlich sich zu paaren und tragen zu Neste. Sie lesen Strohhalme, Federn und Fasern zusammen und richten ein Plätzchen zum Eierbrüten ein, wo sich's eben tun läßt. Baut der Spatz im Walde oder in der Hecke, in Baum oder Strauch, was auch mitunter vorkommt, so ist er schon gezwungen, etwas mehr Sorgfalt auf sein Nest zu verwenden. Er flicht es dann ziemlich geschickt aus Reisern zusammen und wölbt es oben zu, so daß die Jungen vor Wind und Wetter geschützt sind. Am liebsten sucht er sich aber in der Wohnung des Menschen einen Schlupfwinkel aus, der ihm den größten Teil seiner Arbeit erspart, und wo er doch auch möglichst geschützt ist.

Vormals, als es noch Sitte war, über den Fenstern Luftlöcher anzubringen, waren dieselben beliebte Plätze für die Sperlinge; ebenso siedeln sie sich gern in den warmen Viehstallungen an, wenn sie freie Passage dorthin finden. Sie nehmen auch gern Platz in einem leeren Starkästchen oder Schwalbennest. Kommt dann im Frühling der frühere Bewohner zurück, so gibt es heftige Kämpfe zwischen diesem und den Eindringlingen, und nicht immer bleibt der frühere Bewohner Sieger. Alte Sperlingsmännchen benehmen sich dabei mitunter höchst bösartig. Es ist vorgekommen, daß sie Eier und Junge der Schwalben, ja selbst junge Stare aus den Nestern und Brutkästen herausgerissen und die Jungen durch Schnabelhiebe getötet haben.

Vielfach siedeln die Sperlinge sich zwischen Dachsparren und Gesimsen, in Mauerlöchern und Winkeln an, wo sie vor dem Wetter und den Katzen möglichst geschützt sind. Jeder Spatz hat nur eine Frau. Beide häufen das Nestmaterial ziemlich liederlich zusammen, und das Weibchen legt dann seine 3—6 Eier. Diese sehen weiß, grauweiß oder hellgrau aus und sind braun oder dunkelgrau gefleckt. Weibchen und Männchen brüten abwechselnd 13—14 Tage lang und füttern auch die Jungen gemeinschaftlich. Hierzu verwenden sie anfänglich nur zarte Kerbtiere, später kleine Körner, die sie im Kropfe erweicht haben.

Kaum sind die Jungen groß gezogen und geschickt genug, sich selbst Futter zu suchen, so beginnt das Weibchen zum zweitenmal mit

Eierlegen, und in manchen Fällen kommt sogar die dritte Brut vor, so daß von einem Sperlingspaar in einem Sommer mindestens 6 bis 12 Junge entstehen können. Im zweiten Jahre würde daraus schon ein Schwarm von 70—80 erwachsen. Für ihre Jungen sorgen die Spatzen sehr zärtlich. Man bemerkte einst, daß selbst beim Anfange des Winters ein Pärchen noch Futter nach dem Neste trug. Beim Nachsuchen fand fand man daselbst einen erwachsenen jungen Spatz mit einem Fuße in einen Faden verwickelt und dadurch am Ausfliegen verhindert. Die Alten hatten noch wochenlang ihm Futter zugetragen.

In Amerika ist statt unseres gewöhnlichen Sperlings ein Verwandter desselben vorhanden, der sich aber dadurch dem Menschen angenehmer zu machen weiß, daß er einen hübschen Gesang hat.

Obschon keiner der anderen Vögel, die mit dem Spatz näher verwandt sind, sich so allgemein an die Wohnung des Menschen angeschlossen hat, wie dieser, so machen wir doch noch auf einige aufmerksam, welche mitunter sich auch hier ansiedeln und vorzüglich deshalb lobend hervorzuheben sind, weil sie sich durch Wegfangen von Fliegen, Mücken, Raupen u. dgl. nützlich machen und anderseits weder Obst noch Sämereien in Anspruch nehmen: es sind dies die Rotschwänzchen und die Bachstelzen.

Von Rotschwänzchen finden sich zwei Arten gern in der Nähe unserer Wohnungen ein: das Hausrotschwänzchen oder der Wistling und das Gartenrotschwänzchen. Letzteres baut gern in die Gärten, ersteres aber am liebsten in hohe Gebäude. In Mauerlöchern, unter Dachvorsprüngen u. dgl. bringt das Hausrotschwänzchen (Abb. S. 33 rechts im Hintergrund) sein aus Grashalmen und Haaren geflochtenes Nestchen an und legt jährlich zweimal fünf bis sechs reinweiße Eier in dasselbe, aus denen rötlichgraue Junge kommen. Der alte Vogel ist mit dem ersten Grauen des Tages munter und sucht sich dann gewöhnlich die höchste Spitze des Gebäudes zum Sitzplätzchen aus. Nicht selten thront er im Schimmer der Morgensonne droben auf der Wetterfahne des Kirchturms und läßt seinen wunderlichen Gesang hören. Sowie er sich gesetzt hat, ruft er „Fi Za!" und wippt mit dem langen roten Schwanze einigemal auf und ab, links und rechts. Sein Gesang ist dreistrophig, die mittlere Strophe besteht aus einem sonderbaren Krächzen, die letzte aus einigen hohen und pfeifenden Tönen.

Dabei hat das Rotschwänzchen ein ganz schmuckes Aussehen. Der Oberleib ist dunkel bläulichgrau, der Steiß rot, Wangen, Kehle und Brust sind schwarz, der Bauch und die Seiten wie der Rücken weißlich überlaufen. Die Flügelfedern sind schwärzlich und braun, dabei weißlich gerändert, die mittleren Schwanzfedern dunkelbraun, die anderen gelbrot. Das Weibchen ist am Kinn weißlich, am Unterleibe aschgrau, rötlich schimmernd. Je nach dem Alter verändert das Rotschwänzchen sein Aussehen und wird je älter je dunkler; ganz alte Männchen sind fast ganz schwarz und an der Brust schimmelgrau angelaufen.

Schon im ersten Frühjahr, mitunter Mitte März, kommt das Rotschwänzchen von seiner Winterwanderung zurück und beginnt die Fliegen wegzuschnappen, die bereits in den ersten warmen Tagen sich sehen lassen. Späterhin im Jahre sucht es auch die Raupen aus den Gärten weg und speist nur im Herbst etwa einige Holunderbeeren. Eben dieses Futters wegen läßt es sich aber auch nur schwierig auf längere Zeit im Zimmer oder im Käfig erhalten und stirbt meist schon im ersten Jahre. Man kann sich seiner deshalb viel mehr erfreuen, wenn man es als Mitbewohner des Hauses duldet und vor allen Dingen bei seinem Brutgeschäfte nicht stört.

Das Gartenrotschwänzchen.

Das Gartenrotschwänzchen ist noch schöner gefärbt, bewohnt aber seltener das Haus. Wangen und Kehle des Männchens sind schwarz und dabei weiß gesprenkelt, die oberen Teile des Körpers sind dunkelaschgrau, die unteren rostgelb, der Schwanz rot. Ebenso zierlich und flink in seinen Bewegungen, wie das Hausrotschwänzchen, ist es vor dem letzteren dadurch bevorzugt, daß es außer seinem eigenen Gesange auch imstande ist, den Gesang anderer Vögel, wenn es ihn einigemal in seiner Umgebung gehört hat, nachzuahmen.

Von den verschiedenen Bachstelzenarten wohnt die weiße Bachstelze (Abb. S. 33 vorn links) am häufigsten mit uns unter einem Dache. Sie sucht sich Höhlungen unter dem Dache, Löcher u. dgl. zum Nistplatz aus, fertigt dort ihr Nest ziemlich schlecht aus Graswurzeln, Moos und Heu und füttert es mit Haaren, Wolle, Schweinsborsten usw. aus. Das Weibchen legt zweimal des Jahres 6—8 bläulich- oder grünlich-weiße, grau punktierte Eier. Das Vögelchen ist durch sein schmuckes flinkes Wesen und seine hübsche Zeichnung zum allgemeinen Liebling geworden. Oberkopf und Nacken sind rein schwarz; der übrige Oberleib mit den Seiten der Brust bläulichaschgrau, Stirn, Backen und Seiten des Halses schneeweiß. Die Kehle und die Hälfte der Brust sind schwarz, der Unterleib weiß, die Flügel dunkelbraun, die Deckfedern und hinteren Schwanzfedern stark weiß gesäumt. Die beiden äußeren Schwanzfedern sind weiß, die übrigen schwarz. Das Weibchen ist am Kopfe mehr grau.

In der ersten Hälfte des Oktobers ziehen die Bachstelzen von uns fort und versammeln sich dabei vorher auf den Dächern; so wie aber Ende Februar oder Anfang März die Witterung etwas mild wird, stellen sie sich auch schon wieder ein und halten sich dann gern in der Nähe von Häusern und Bächen auf, weil sie hier am häufigsten Fliegen, ihre Lieblingsnahrung, antreffen. Sehr unterhaltend ist es, ihnen dabei zuzusehen, denn sie fangen ihre Beute meistens während des Laufes oder jagen ihr mit kurzen Schwenkungen in der Luft nach. Der Gesang, den die Bachstelzen fast während des ganzen Jahres hören lassen, ist zwar nicht sehr laut, aber ganz niedlich und reich an Abwechselungen. Im Zimmer Bachstelzen zu halten, ist nicht ratsam, da sie den Fußboden sehr beschmutzen. Jung aufgezogen können sie daran gewöhnt werden, daß sie in einem Zimmer nisten und im Freien sich das Futter suchen.

6.

Der Haushund.

„Phylax, der so manche Nacht Haus und Hof getreu bewacht" — er, der treue Haushund, soll uns gegenwärtig beschäftigen. Mit untertänigem Schwanzwedeln steht er vor uns, macht Kratzfüßchen und leckt die Hand; Fremde dagegen knurrt er grimmig an und weist ihnen die Zähne.

Wer wohl den ersten Hund gezähmt und als Genossen in seinem Hause aufgenommen haben mag? Wahrscheinlich ist es bereits einer der ersten Menschen gewesen. Soweit geschichtliche Nachrichten und Sagen reichen, haben auch Hunde den Menschen begleitet. Wahrscheinlich zähmten die Völker der verschiedenen Länder auch verschiedene wilde Tiere des Hundegeschlechts und richteten sie für ihre Bedürfnisse ab. Die Eskimos in Grönland besitzen Hunde, welche gänzlich den einheimischen Wölfen ähneln, nur etwas schwächer sind als diese. Sie benutzen dieselben zum Ziehen der Schlitten und als Gehilfen auf der Jagd, lassen sie im Winter mit in der unterirdischen Wohnung sich wärmen, muten ihnen aber im Sommer zu, sich selbst Nahrung zu suchen Die Eskimohunde zeigen auch noch ziemlich den

Wolfscharakter. Der unbewaffnete Fremde mag sich wohl vor ihnen hüten, und es ist vorgekommen, daß sie wenige Schritte vor den Augen der Mütter Kinder zerrissen und aufgefressen haben. Trotz ihrer Tücke und Wildheit sind sie doch für den Nordbewohner durch ihre Kraft und Geschwindigkeit ein unschätzbares Gut, und ohne sie würde er schwerlich weder einen Eisbär noch ein Renntier erlegen.

Die Hunde der nordamerikanischen Hasenindianer ähneln in Farbe und Bau ganz den ebendaselbst wohnenden Füchsen und teilen das Zelt mit ihren Herren. Ein benachbarter Volksstamm, die Hundsrippenindianer, hielt es sogar für sündhaft, von den Hunden Knechtsdienste zu verlangen, denn ihre Priester waren auf die Idee gekommen, daß diese Indianerhorde von den Hunden abstamme, letztere deshalb als Voreltern respektieren müsse.

Lange vorher, ehe Europäer nach Amerika kamen, waren Haushunde bei den Völkern jenes Erdteils sowohl im Norden als im Süden vorhanden. Die Indianer von Xauxa und Huanca sollen früher, ehe sie durch den Inka Pachacutec zum Sonnendienst bekehrt wurden, Hunde göttlich verehrt haben. Noch jetzt findet man Hundeschädel und Hundemumien in alten peruanischen Gräbern. Die Priester jener Indianer bliesen beim Gottesdienst auf Trompeten aus Hundeschädeln. In Mexiko fanden die Spanier bei ihrer Ankunft auch eine gezähmte Hunderasse vor, die aber nicht bellte.

Die ägyptischen und westasiatischen Hunde haben einige Ähnlichkeit mit dem dort einheimischen Schakal sowie mit unseren Schäferhunden. Viele von ihnen leben herrenlos in den Straßen der Städte, deren Reinhaltung sie besorgen; andere Scharen begleiten die wandernden Hirtenstämme und werden von diesen geduldet, da sie durch ihr Geheul die Ankunft der Hyänen oder ähnlicher Raubtiere anzeigen.

Die mächtige tibetanische Dogge, vielleicht die kräftigste Hunderasse, welche vorhanden ist, stammt von dem schwarzen Wolf jenes Gebirgslandes Mittelasiens ab. Die australischen Wilden haben den Dingo, eine wilde Hundeart, gezähmt und lassen sich von ihm bei der Jagd beistehen. Die Dienste, welche kräftige Hunde dem Menschengeschlecht in den frühesten Zeiten leisteten, sind gewiß außerordentlich groß gewesen. Als die Menschen einstmals nur mit Holzknüppeln und

Steinen sich gegen die viel stärkeren wilden Tiere verteidigen mußten, fanden sie im Hunde einen Genossen, welcher ihnen in treuester Weise beistand, die Raubtiere zu bewältigen und die Herrschaft über die Erde zu erkämpfen.

Der bekannte Hirtenhund, welcher gewiß einer der frühesten Haushunde gewesen, stammt höchst wahrscheinlich von den Steppenhunden ab, welche in den großen unabsehbaren Ebenen Asiens von der Jagd auf Antilopen leben. Jener wilde Hund ist schwärzlich von Farbe, mit gelbbrauner Abzeichnung und gelbbraunen Flecken über den Augen.

Jeder Erdteil, ja selbst die meisten der größeren Inseln besitzen besonders wilde Hundearten, von denen sich manche noch im ursprünglich wilden Zustande befinden, andere dagegen verwildert sind. So vermutet man nun, daß die zahlreichen Hunderassen, die von den verschiedenen Völkern gehalten werden, wahrscheinlich auch von verschiedenen wilden Hundearten abstammen, dann aber sich durch die Pflege des Menschen vielfach verändert haben. Unter allen Tieren scheint keines fähig zu sein, in gleicher Weise wie der Hund die verschiedensten Gestalten anzunehmen und doch immer Hund zu bleiben. Es mag hierbei das Vermischen mehrerer Arten das Seine beigetragen haben, dann aber auch die Aufmerksamkeit, welche der Mensch seinem treuen Begleiter schenkte.

In einem Lande, in welchem noch Wölfe, Bären, Hyänen oder ähnliche Raubtiere das Gehöft des Landmanns und Viehzüchters zu nächtlicher Stunde umschleichen, wird man nur die stärksten und kräftigsten Hunde für die Bewachung von Haus und Hof sich auswählen. Die kleineren und dürftigeren Jungen desselben Wurfes wird man töten, um den übrigen eine desto bessere Pflege geben zu können. Man wird dann auch nur die stärksten Hunde zusammen paaren, um möglichst kräftige und mutige Tiere zu erhalten; an Futter mancherlei Art ist unter solchen Verhältnissen gewöhnlich kein Mangel.

Der Bewohner größerer Städte, welcher für seinen Hof nur zum Lärmmachen oder gar nur für die Stube und zum Vergnügen einen Hund haben will, wird sich bei der Auswahl und Pflege der Hunde von ganz anderen Rücksichten leiten lassen. Eine Dogge von der Größe eines Kalbes eignet sich nicht zum Schoßhündchen für eine Dame, der weniger reiche Bauersmann oder Bürger könnte sie auch nicht einmal ernähren. Ist einmal Liebhaberei für kleine Hunde vorhanden, so wird man unter den Jungen eines Wurfes, die fast stets verschieden sind, auch nur die kleinsten auswählen, sie mit gleichen paaren und ihre Eigentümlichkeiten möglichst auszubilden suchen. So erzieht man sich allmählich förmliche Zwergrassen.

So wie die äußeren Gestalten des Hundes vielfach wechseln, vom großen Fleischerhund, Jagdhund, Windhund, Hühnerhund und Spitz bis zum Pudel, Dachshund, Pinscher, Löwenhündchen usw., so wechseln auch ihre Fähigkeiten und geistige Eigentümlichkeiten. Die Doggen und Bullenbeißer zeichnen sich aus durch Stärke und Wildheit, die Pudel durch Gelehrigkeit, die Neufundländer durch Gutmütigkeit und Treue.

Eine Beschreibung aller Hunderassen, welche im Laufe der Zeit als Hausfreunde der Menschen erzogen worden sind, würde ganze Bände füllen. Je nach dem Geschmack der Zeit und je nach dem Bedürfnisse kamen neue Spielarten auf und gingen wieder unter, ohne daß gewöhnlich nachher jemand eigentlich anzugeben vermochte, woher sie gekommen und wohin sie geraten waren. Als Haus- und Hofhund war vor nicht langer Zeit der Spitz am gebräuchlichsten, welcher durch Wachsamkeit sich auszeichnete; gegenwärtig ist er zum Teil schon wieder durch andere Sorten verdrängt worden. In der Stube war gegen Ende des 18. Jahrhunderts der Mops die gewöhnliche Art, besonders in vornehmen Häusern. Man liebte ihn damals ganz außerordentlich, dann war er eine Zeitlang aus der Mode gekommen, so daß er deshalb nur noch sehr selten in echter Form anzutreffen ist. Er hat einen runden Kopf und eine ganz kurze, dicke schwarze Schnauze, dabei eine sehr faltige Stirn. Die Ohren sind zwar schon von Natur klein, sie wurden aber noch dazu gewöhnlich entweder kurz abgeschnitten oder gar ausgedreht. Den Schweif trägt der Mops dicht zusammengerollt wie eine Brezel. Durch die Leckerbissen und das viele Zuckerwerk, mit welchem die Möpse in den Häusern der Vornehmen gefüttert wurden, verwandelten sie sich bei ihrer Trägheit und Weichlichkeit meist in unförmliche Fettklumpen, die durch Stirnrunzeln und Knurren ihre üble Laune und ihr Unbehagen kund gaben.

Neuerdings ist der Affen- oder Stachelpinscher ein weitverbreiteter Lieblingshund geworden. Er nimmt die Mitte zwischen dem Spitz und dem spanischen Pinscher ein, hat einen langen, spitzen Kopf, spitze, aufrechte Ohren und ein Gesicht, das etwas an den Pavian erinnert. Sein Bart ist meistens stark und die stacheligen Augenbrauen sind sehr verlängert. Die Haare des Pelzes sind gewöhnlich schwarz mit gelben Spitzen, dabei borstenähnlich starr und dünn stehend. Der Affenpinscher ist zwar auch sehr wachsam, hält sich aber lieber bei den Pferden auf als bei seinem Herrn und folgt den ersteren häufig, wenn sie verkauft werden. Er ist ein erklärter Feind der Ratten und sehr geschickt im Töten derselben.

In London, wo die Liebhaberei für Hunde durch alle Klassen der Bevölkerung verbreitet ist, veranstaltet man häufig Hundeausstellungen, auf welchen den gesuchtesten und geschätztesten Tieren Preise zuerkannt werden. Man läßt bei solchen Gelegenheiten Kämpfe zwischen Hunden und Ratten, aber auch zwischen Hunden verschiedener Art stattfinden. Auch kommen dabei Hunde zum Vorschein, die ganz absonderliche Geschicklichkeit besitzen und durch dieselben ihre Herren ernähren helfen. So sind z. B. manche zum Stehlen von Fleisch oder anderen Gegenständen abgerichtet und wissen dies so schlau anzufangen, daß sie selten erwischt werden.

Eine der gelehrigsten Hunderassen ist der Pudel. Er wurde vordem sogar in der Küche angestellt, um den Bratspieß zu drehen, lernte mancherlei Kunststücke und war ein Liebling solcher Leute, welche nicht viel zu tun hatten und sich die Zeit auf angenehme Weise vertreiben wollten. Er lernt auch förmliche Theaterstücke aufführen. Der große Neufundländer ist durch seine Fähigkeit zum Schwimmen in Ruf gekommen und hat schon manchem ins Wasser gefallenen Menschen das Leben gerettet. So hält man in Paris auf Kosten der Stadt eine Anzahl dieser Hunde, welche an dem Ufer der Seine ihre Posten haben. Sie sind abgerichtet worden, auf alle vorbeischwimmenden und vorzüglich auf sich bewegende Gegenstände zu tauchen und sie herauszuholen.

Weltberühmt sind die Hunde des St. Bernhardhospizes auf dem Großen St. Bernhard geworden, die sogenannten Bernhardiner, welche einige Verwandtschaft mit den Bullenbeißern haben, im Äußeren auch an die Neufundländer erinnern. Man richtet sie ab, Verunglückte aufzusuchen und denselben entweder beizustehen oder die Mönche zu deren Rettung herbeizurufen. Der gefeiertste unter ihnen war Barry, welcher mehr als 40 Menschen das Leben rettete und jetzt im Museum zu Bern ausgestopft aufbewahrt wird. Auch auf dem Gotthard, dem Simplon, der Grimsel, Furka und anderen Übergängen der Hochgebirge werden dergleichen Hunde gehalten. Sie haben ein auffallend feines Vorgefühl von nahenden Stürmen und Unwettern und zeigen dies gewöhnlich schon eine Stunde vorher durch unruhiges Hin- und Herlaufen an. Zugleich zeichnen sie sich durch ihre besondere Fähigkeit aus, die Spur von Menschen zu wittern. Bei gefahrdrohendem Wetter, besonders wenn Lawinenstürze zu befürchten sind, ziehen dann Leute mit Schaufeln in Begleitung der Hunde nach den gefährdeten Stellen aus und verfolgen mit Hilfe der treuen Tiere jede Spur, welche etwa einen verschütteten Unglücklichen verraten könnte. Hierdurch an das Aufsuchen von Hilfsbedürftigen gewöhnt, machen sich jene Hunde nicht selten aus eigenem Antriebe ganz allein auf die Suche. Man hängt einem solchen treuen Tiere dann ein kleines Fäßchen mit Wein um den Hals, gibt ihnen auch wohl ein Körbchen mit Brot zu tragen. Findet der Hund einen ermatteten Wanderer, so wird er nicht selten schon durch die mitgebrachte Erquickung zu seinem Retter und geleitet ihn dann nach dem schützenden Hospiz. Findet er einen vom Schnee Verschütteten, so sucht er ihn womöglich auszuscharren. Ist solches unmöglich, oder ist der Verunglückte sonst außer stande, ihm zu folgen, so eilt er nach Hause und holt die Bewohner des Hospizes zur Hilfe herbei. Jener Hund Barry fand einstmals ein halb erstarrtes Knäblein, half demselben sich auf seinen Rücken setzen und trug es vorsichtig nach dem Hospiz. Hier zog er an der verschlossenen Pforte die Klingel und übergab den Mönchen seinen kostbaren Fund.

Leider ist der Hund, dieser treueste Hausfreund des Menschen unter allen Tieren, krankhaften Wutanfällen ausgesetzt, welche mitunter die Wasserscheu zur Folge haben. Hierdurch wird er zum Gegenstande allgemeinen Schreckens, da letztere Krankheit sich durch den Biß auf andere Tiere und leider auch auf den Menschen überträgt.

Wenngleich man nur weiß, daß die Krankheit durch winzige Organismen hervorgerufen wird, die aber bisher weder durch das Mikroskop nachgewiesen, noch im Filter zurückbehalten werden konnten, so ist es doch dem unermüdlichen Forscher Pasteur gelungen, ein Heilverfahren zu entdecken. Durch Impfen werden jetzt über 99,5 Prozent der Gebissenen gerettet. Wichtig sind die Kennzeichen der beginnenden Wutkrankheit. Ein Hund, bei dem die Wut im Anzuge ist, verliert seine bisherige Munterkeit, wird träge und mürrisch. Er verschmäht das gewöhnliche Fressen und schlingt statt dessen Erde, Stroh und ähnliche unverdauliche Dinge hinunter. Vor dem Saufen zeigt er Widerwillen.

Barry rettet einen Verunglückten.

Er benimmt sich unfolgsam, läßt Schwanz und Ohren hängen und bekommt stiere, trübe Augen, welche rot und fließend werden. Die Haare werden struppig, er bellt heiser und hohl ohne besondere Veranlassung, springt unerwartet auf und schnappt nach diesem oder jenem Gegenstande.

Treten diese Erscheinungen bei einem Hunde auf, so ist es geraten, ihn sofort zu töten. Unterläßt man es, so steigern sich alle einzelnen Merkmale, bis das Tier zähneknirschend und nach allem schnappend davon zu rennen sucht. Nach entsetzlichen Qualen stirbt es drei bis vier Tage darauf am Schlagfluß oder an Lähmung.

Hat jemand das Unglück, von einem tollen Hunde gebissen zu werden, so suche man, bis ärztliche Hilfe kommt, das Bluten der Wunde möglichst zu befördern, wasche sie mit warmem Wasser und setze Schröpfköpfe auf dieselbe. Ferner wasche man mit ätzenden Flüssigkeiten: Essig, Salmiakgeist, starker Sodalösung, Höllensteinlösung, ja man tröpfle selbst etwas Schwefelsäure oder Scheidewasser in dieselbe und wasche sie dann mit lauem Wasser wieder aus.

Abgesehen von der Tollwut kann ein Hund dem Menschen noch gefährlich werden durch Übertragung von Schmarotzern, die schreckliche Krankheiten, ja den Tod hervorrufen können. Am schlimmsten ist die Finne des Hundebandwurms (Taenia echinococcus). Geraten die unsichtbaren Eier des Wurmes in den Menschen, so bohren die ausschlüpfenden Larven sich in die Leber, Lunge oder das Hirn ein und entwickeln sich zu Blasen, welche bis 15 kg schwer werden können. Darum müssen namentlich Kinder im Umgange mit Hunden vorsichtig sein. Man küsse niemals diese Tiere und lasse sie auch nie von Tellern fressen, welche nachher wieder von Menschen benutzt werden. Nur zu leicht bleibt selbst beim vorsichtigen Reinigen in Sprüngen, abgestoßenen Ecken u. dgl. ein Eichen haften, welches später mit der Nahrung in den Menschen gelangen kann.

7.
Die Steine im Hofe.

Wir waren bereits bei unseren Entdeckungsreisen in der Wohnstube vor den Wänden des Zimmers stehen geblieben und hatten gefragt: „Woraus bestehen sie?" In vielen Fällen mußten wir uns dabei vielleicht entweder mit der bloßen Betrachtung der Tapete oder des mit Farben geschmückten Mörtels begnügen, oder hatten es nur etwa einem ganz besonderen Ungefähr zu verdanken, daß uns ein Blick in das Innere der Mauer verschafft wurde. Im Hofe und im Garten können wir unsere Anfänge in der Steinkunde viel bequemer und umfangreicher fortsetzen, ohne dabei die Hausordnung zu stören.

Je nach der Gegend, in welcher sich unser Wohnhaus befindet, werden wir in unserem Hofe auch die verschiedensten Gesteinsarten und Erden antreffen. Wollten wir deshalb alle Gesteine aufzählen, die daselbst vorkommen können, so müßten wir unseren jungen Freunden sofort eine kleine Petrographie liefern. Wir machen sie deshalb nur auf einige der wichtigsten Gesteine aufmerksam und deuten ihnen den Weg an, wie sie im eigenen Gehöft einen Anfang in der Steinkunde machen und solche später außerhalb desselben erweitern und fortführen können.

Wie es unter den Pflanzen verschiedene Gattungen und Arten gibt, so sind auch unter den Gesteinen mancherlei verschiedene Arten.

Das Pflaster eines gewöhnlichen Hofes ist nicht selten eine wahre Musterkarte von Gesteinen, eine vom Steinsetzer angelegte Steinsammlung, bei welcher nur die gehörige Ordnung und die dabei geschriebenen Namen fehlen. Halten wir etwas nähere Umschau, so begegnet uns zuerst das ritterliche Geschlecht der Kieselgesteine, die wie die Helden der Vorzeit am Stahl Funken sprühen. Der gemeine Kieselstein oder Quarzit findet sich in Norddeutschlands Ebenen als Feldstein vielfach auf Fluren und Äckern gelagert und zeigt dann eine abgerundete Form, die unzweifelhaft nachweist, daß er ehedem ein vielbewegtes Leben geführt und sich in Wasserfluten als Rollstein herumgetrieben hat. Äußerlich ist er oft gelblich gefärbt durch Eisenrost, innen mitunter glasartig hell oder weiß. Manche seiner Spielarten sind auch rot, braun, schwärzlich, andere mit Bändern verschiedener Färbung durchzogen, geflammt und punktiert. Feuersteine, Achate, Jaspis, Amethyst und viele andere sind nahe Verwandte von ihm, welche nicht selten wegen ihrer Härte, ihrer Farbenschönheit, wegen der Politur, die sie annehmen, zu Schmucksachen verarbeitet und als Halbedelsteine geschätzt werden.

Der Gartenkies, welcher durch seine hochgelbe Farbe sehr hübsch von den grünen Beeteinfassungen und den bunten Blumen sich abhebt, ist auch nur eine Spielart des Quarzes. Genauer betrachtet, zeigt er Kieselstückchen der verschiedensten Größen, die dem Eisenrost die lebhafte Farbe verdanken. Häufiger Regen löst den Eisenrost auf und führt ihn den tieferen Erdschichten zu, daher wird selbst der goldfarbigste Kiessand schon nach wenigen Monaten gebleicht und schimmert endlich schneeweiß. Die feinsten und kleinsten Quarzkörnchen ergeben den gewöhnlichen Sand, der in seiner Farbe auch vielfach wechselt und in seinen feinsten Formen sogar bis ins Wohnzimmer und bis auf den Tisch ins Schreibzeug Zutritt erhält.

Jene Sandsteinplatte, welche die Schwelle der Haustür bildet, ist aus zahllosen Sandkörnchen zusammengesetzt, also im Grunde aus demselben Stoffe bestehend, wie die Kieselknollen daneben. Je nachdem die Körnchen des Sandsteines durch kalkige, tonige oder wiederum kieselige Bestandteile miteinander verkittet sind, ist auch seine Festigkeit eine verschiedene. Wir haben überhaupt bei Betrachtung der Gesteine zunächst die Festigkeit und Härte derselben wohl zu beachten und können mittels eines Messers schon die Hauptklassen davon unterscheiden.

An mehreren Gesteinen, wie oben am Kiesel, Feuerstein und ihren Verwandten, wird die stählerne Spitze des Messers abgleiten, ohne zu ritzen; beim Feldspat wird sie einen Ritz hervorbringen, allein unser Fingernagel wird solches nicht vermögen. In Gips, Kalk und ähnliche weichere Mineralien wird aber schon letzterer einen Ritz machen können.

Reiben wir im Dunkeln Kiesel und Kiesel zusammen, so sehen wir sie phosphorisch leuchten; tun wir dasselbe mit dem Sandstein, so erhalten wir weißes Pulver, das aus den losgerissenen Sandkörnchen besteht. Liegt die Sandsteinplatte gerade unter der Dachtraufe, die durch keine Wasserrinne geschützt ist, so spülen die fallenden Regentropfen allgemach ein Korn nach dem anderen los, bilden Vertiefungen im Steine und geben uns dadurch einen Fingerzeig, wie wir uns die Entstehung der wunderbaren Felsformen in Sandsteingebirgen erklären können.

Feinkörniger Granit.

Zwischen den Kieseln des Hofpflasters macht sich auch ein Stück Feldspat bemerklich. Es hat eine mehr rötliche Färbung, fällt aber noch deutlicher durch größere Weichheit auf, die eine schnellere Abnutzung und rascheres Verwittern herbeiführt. Begrüßen wir im Kiesel den Vater des Glases, welches derselbe beim Zusammenschmelzen mit Natron- und Kalisalzen bildet, so liegt im Feldspat die Mutter der Porzellanerde vor unseren Füßen. Letztere entsteht aus jenem Gestein durch Verwittern und wird in Porzellanfabriken aus ihm durch Schlämmen mit Wasser ausgeschieden, nachdem der Feldspat zu feinem Pulver zerkleinert ward.

Quarz und Feldspat sind einfache Gesteine; der Tonschiefer, welchen wir als Bekleidungsmittel des Daches kennen lernten, bietet ein drittes Beispiel ähnlicher Gesteinsart. Wir treffen aber im Hofpflaster noch eine ganze Anzahl Gesteinsstücke, die durch ihr buntfleckiges Ansehen schon zu erkennen geben, daß sie aus mehreren anderen Gesteinsarten zusammengesetzt sind. Das Stück dort, welches aussieht wie Kümmel und Salz, ist feinkörniger Granit. Bei genauerem Ansehen unterscheiden wir sogar dreierlei Färbungen. Die weißen, glasartigen Pünktchen rühren von kleinen Quarz- oder Kieselkristallen her; die rötlichen, die sich durch die Messerspitze ritzen lassen, sind Feldspat, und die dunklen, blätterigen Stücke sind Glimmer. Alle drei sind fest miteinander verbunden.

Da jede der drei Gesteinsarten in verschiedener Menge und ebenso in Stücken von sehr verschiedener Größe vorhanden sein kann, so verstehen wir leicht, daß es in bezug auf das äußere Ansehen zahlreiche Arten Granit geben kann, deren Zusammensetzung sich aber stets wieder auf die genannten Mineralien zurückführen läßt. Wir verwundern uns nicht mehr, daß jenes Stück dort links mit den zollgroßen schimmernden Kristallen ebenfalls Granit sein soll, nämlich grobkörniger.

Grobkörniger Granit.

Ein anderes Steinstück im Pflaster erinnert uns lebhaft an Lebkuchen mit Mandeln; es ist ein Porphyrbrocken, der hier neben den Graniten und Kieseln ein Plätzchen gefunden hat. Die Grundmasse dieses ebenfalls zusammengesetzten Gesteins ist ein rötlicher oder brauner gleichförmiger Stoff, welcher vielleicht einstmals ein lavaähnlicher Brei war. In demselben zerstreut liegen blendend weiße, daneben auch kleinere schwarze, runde Stückchen. Die weißen Einschlüsse sind teils sechsseitige Kristalle von Quarz oder rautenförmige Stückchen Feldspat, die grünlich schwarzen zeigen sich als Hornblendekristalle.

Felsitporphyr.

Noch kurioser und verschiedenartiger zusammengesetzt zeigt sich ein sogenanntes Konglomeratstück, das im Winkel des Hofes ein Plätzchen gefunden hat. Es ist aus Bruchstücken einer ganzen Anzahl von

Steinarten zusammengebacken, die ihrerseits wieder die verschiedensten Formen haben: abgerundet oder eckig, grobkörnig oder fein.

Wie ist es aber möglich geworden, fragen wir verwundert, daß hier in einer Gegend, wo weder Granit- noch Porphyrgebirge vorhanden sind, so verschiedenartige Gesteinsproben sich haben zusammenfinden können? Darüber belehren uns die Naturkundigen durch Erklärungen, die sehr viel Wahrscheinlichkeit haben, obschon niemand die Vorgänge selbst gesehen hat. Früher glaubte man, daß gewaltige Eisblöcke, zur Zeit als unser Vaterland noch ein weites Meer war, vom hohen Norden herangetrieben seien, welche jene Steine mitgebracht hätten. Jetzt aber weiß man, daß Norddeutschland mehrere Male ganz vereist gewesen ist. Von Norwegen aus breiteten sich Gletscher strahlenförmig nach allen Seiten aus und drangen bis zu den Gebirgen Mitteldeutschlands vor. Wie man nun noch heute in den Alpen sehen kann, bringen die Gletscher gewaltige Blöcke mit in die Ebene. So machten es auch damals die Gletscher Skandinaviens. Man kann noch jetzt die Moränen in unserem Vaterlande nachweisen, welche jene Gletscher aufwarfen. Noch zeigt man hie und da, z. B. bei Osnabrück auf dem Piesberge, die Schrammen, welche die Gletscher auf dem felsigen Untergrunde hinterließen. Ja, von einigen Steinen und Versteinerungen, die man in der Ebene findet, kann man mit Sicherheit den Ort ihrer Herkunft angeben. Der Landmann schafft diese Gesteinsbrocken von seinem Ackerfelde fort an den Weg und von hier holt sie der Steinsetzer zu seinem Gebrauch. So kann es kommen, daß ein Steinstück, das früher in den Fjorden der Norweger oder in dem Lande der Lappen Felsen bildete, gegenwärtig im Herzen Deutschlands einen Hof pflastern hilft.

Konglomeratstück.

Liegt unser Wohnhaus in einer Gegend, welche Kalkgebirge enthält, so treffen wir vielleicht als Pflastersteine im Hofe auch Kalkplatten an, die uns auf noch frühere Schicksale unseres Wohnsitzes hinweisen. Es könnte sein, daß die Kalksteinplatten lediglich aus kreisrunden Steinstückchen beständen, die mit winzigen Mühlsteinen Ähnlichkeit haben, vormals aber Glieder eines tierischen Wesens bildeten, das Seelilie (Encrinus liliiformis) genannt wird und mit den Polypen und Entenmuscheln darin Ähnlichkeit hat, daß es mittels eines Stieles festgewachsen war. Andere Kalksteine zeigen ausschließlich Muschelgehäuse oder bestehen mit aus verhärteten Kalkmassen, welche das Innere der leeren Muschelschalen ausfüllen (Steinkerne); noch andere zeigen deutlich den Bau von Korallen usw. Alle legen aber unwiderruflich Zeugnis ab, daß sie im Meereswasser entstanden sind.

Als Einfassung von Gartenbeeten oder als Bekleidung kleiner künstlicher Berge, die man im Garten anlegte, findet man häufig den löcherigen, sonderbaren Tuffstein verwendet, welcher der Einwirkung kalkhaltiger Süßwasser seine Entstehung verdankt. Wie die vorhin genannten Gesteine vorzugsweise durch Meerestiere gebildet wurden, so verdankt der Tuff meistens Wasserpflanzen seine Entstehung. Wassermoose, Armleuchter, Algen und ähnliche Gewächse ziehen den Kalk, welchen das Quellwasser oft reichlich aufgelöst enthält, an sich, berauben denselben teilweise seiner Kohlensäure und veranlassen ihn, daß er sich gleich einem Kalkpanzer um sie herum legt. Ist der Kalk erhärtet, und sind die Pflanzen verwest, so bezeichnen die Löcher noch die Stellen, welche die Gewächse einst einnahmen. Zum Pflasterstein würde der Tuff wegen seiner Weichheit sich nicht eignen, wohl aber ist er ein sehr hübscher Stoff zu den erwähnten Felsgruppen in Gartenanlagen, da er nicht bloß Felszinnen und Zacken, Grotten und Höhlen im kleinen nachahmt, sondern auch durch seine Löcher geeigneten Pflanzen, wie Cymbelkraut, Steinbrech, Mauerpfeffer, Efeu u. a., Stellen zum Anheften bietet. In den meisten Gegenden wird es möglich werden, eine solche Felsgruppe zugleich als petrographisches Kabinett einzurichten, indem wir bei ihrer Herstellung verschiedenartige Steine verwenden. Eine Sandsteinklippe in kleinem Format kann sich dort neben einem Granitstück erheben, welchem vielleicht ein Stück Basalt als dunkler Hintergrund dient. Stücke von faserigem Gips oder glänzendem Gipsspat putzen das Ganze, und vielleicht sind wir so glücklich, auch noch einige Erzstufen hinzufügen zu können, etwas funkelnden Bleiglanz oder Schwefelkies.

Die Gartenerde gehört auch mit ins Bereich unserer mineralogischen Studien. Sie ist ein Gemenge aus allem Möglichen und enthält ebenso Überbleibsel zahlreicher verwitterter Gesteine und Felsarten, wie Reste abgestorbener pflanzlicher oder tierischer Wesen. Den letzten beiden verdankt sie ihre schwärzliche Färbung, wie ja die Steinkohlen und Braunkohlen auch wegen ihres Gehaltes an verkohlten Pflanzenstoffen schwarz und braun erscheinen. Die Gartenerde zieht die Feuchtigkeit der Atmosphäre lebhaft an und bietet deshalb den Gewächsen den geeignetsten Boden zum Gedeihen. Außerdem erzeugt sie durch die in ihr fortwährend stattfindenden Zersetzungen Stoffverbindungen, lösliche Salze und Luftarten, welche nächst dem Wasser die hauptsächliche Nahrung für die Pflanzen bilden.

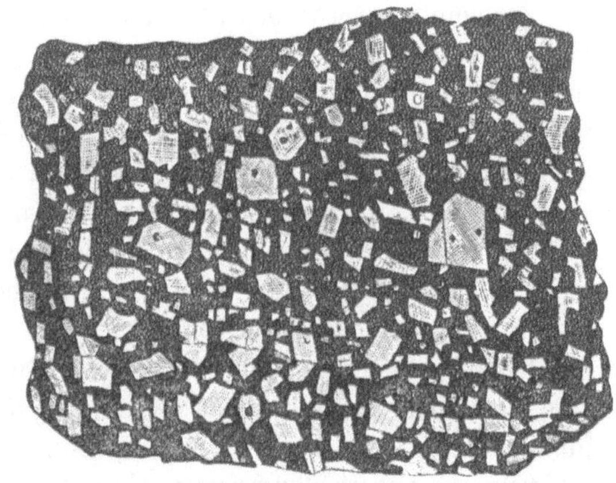

Diabasporphyr.

Wollten wir die Gartenerde mit dem Vergrößerungsglase genauer durchmustern, so würden wir in ihr auch noch große Mengen lebender Tierwesen finden, abgesehen von den Regenwürmern, welche sie verzehren und die mitten in ihrer Speise leben, wie der Mann im Pfannenkuchenberge. Manche Erdschichten wimmeln von Millionen kleiner Infusionstierchen, deren kieselige Überreste wiederum zur Bildung von Erde dienen.

Wir können in der angedeuteten Weise in unserem Hofe bereits einen Anfang zur Steinkenntnis machen, besonders wenn uns der Vater oder Lehrer dabei etwas behilflich ist. Ebenso können wir bei etwas Aufmerksamkeit sehen, wie die vorhandenen Gesteine durch Einwirkung des Wetters und anderer Ursachen sich abnutzen, und wie der Regen und Wasserlauf hier und da die ersten Anfänge zur Bildung neuer Flöze machen. Wird ein Brunnen, eine Senkgrube, der Grund zu einem neuen Gebäude oder ein Keller gegraben, so versäumen wir ja die Gelegenheit nicht, sondern schauen genau zu, in welcher Weise die

Erdschichten nach unten hin etwa andere werden, und ob wir bei solchen Erdarbeiten vielleicht Überreste von Geschöpfen treffen, die vor alters hier gelebt haben. Wir suchen auf solche Weise den Grund und Boden auch geistig zu erobern, den wir vielleicht durch unsere Arbeit erworben oder von unseren Vätern überkommen haben. Lehrbücher über Mineralogie, Geognosie und Geologie stehen uns dabei vielfach zu Gebote und helfen uns weiter, wenn wir später den Kreis unserer Forschungen auszudehnen beabsichtigen.

In manchen Gegenden verursacht es den Leuten viel Mühe, dem Hofe die erwünschte Festigkeit zu geben. So fehlt es z. B. in dem nordwestlichen Teile Deutschlands, vorzugsweise aber auf den meisten friesischen Inseln der Nordsee, an jeder Spur von Stein, den man zu einem Hofpflaster benutzen könnte. Zur Herstellung fester Fußwege verwendet man daselbst hartgebrannte Backsteine, die man von Holland her auf dem Schiffe zuführt und die wegen des hellen Klanges, den sie beim Anschlagen geben, unter dem Namen Klinker bekannt sind. Die Wege in den Promenaden und in den Gärten der Insel Norderney bestehen aus leichtem, losem Flugsande, den jeder Windstoß hin und her treibt. Um hier einen etwas festeren Grund herzustellen, sammelt man die schneeweißen Schalen der Herzmuscheln, die buntfarbigen Tellermuscheln und andere Muschelarten, die zu Millionen am ganzen Strande der Insel zur Ebbezeit frei liegen. Diese verwendet man statt unseres Gartensandes und Hofpflasters. Dem Fremden ist es anfänglich ein unbehagliches Gefühl, wenn er bei jedem Schritte zahlreiche der niedlichen Gehäuse zertreten muß. Als Einfassung der Beete sind ebendort häufig große Austernschalen senkrecht in den Boden gesteckt.

Noch sonderbarer sind die Einfassungen der meisten Höfe und Hausgärten auf der Insel Borkum. Es fehlt auf jeder Insel an größeren Bäumen, welche der Stürme wegen daselbst nicht gedeihen. Holzplanken und Bretter sind deshalb selten und kostspielig. Früher waren zahlreiche Schiffer der Insel beim Walfischfange beteiligt und brachten dann die mannslangen Rippen der erlegten Wale mit nach Hause, um sie gleich Festungspalisaden rings um ihr Besitztum einzupflanzen. Dort kann ein Kind also im Hofe nicht allein einen Anfang in der Muschelkunde, sondern auch in der Knochenlehre machen, wenn's dazu Lust hat.

Die Kreuzspinne in ihrem Netze.

8.

Die Spinnen im Winkel.

Bei unserer heutigen naturwissenschaftlichen Entdeckungsreise durchmustern wir die Winkel und versteckten Räume des Hauses. Wir schauen zwischen die Lücken der Bretterverschläge und in die Ritzen der Mauern, hinter die Kommoden und Schränke, an die glaslosen Fenster der Stallungen und in die Kellerlöcher. An den meisten dieser Orte werden wir Spinnen oder deren Gewebe bemerken. Wir werden schließlich auch einzelne Tiere dieser Familie im Garten entdecken, einige an der Erde, andere zwischen den Blättern der Gewächse.

Die Spinnen sind von sinnigen Naturforschern und Dichtern warm in Schutz genommen worden. Man hat den Nutzen hervorgehoben, welchen sie uns durch Wegfangen zahlreicher stechender und lästiger Fliegen bringen, und hat sie hochgepriesen wegen des interessanten Baues ihres Körpers und wegen ihrer Geschicklichkeit im Verfertigen ihrer Netze.

Die Griechen, welche die meisten Naturgegenstände, mit denen sie täglich in Berührung kamen, durch Sagen interessanter zu machen suchten, hatten auch über die Entstehung der Spinnen eine Geschichte ersonnen. Der Purpurfärber Idmon zu Kolophon — so erzählten sie — besaß eine höchst geschickte Tochter, namens Arachne, die von der Göttin Pallas selbst Unterricht im Spinnen und Weben erhalten hatte. Durch ihre Kunst war das Mädchen aber so eitel geworden, daß sie die Göttin selbst zu einem Wettstreite im Weben höhnend herausforderte. Sie beharrte auch bei ihrem frevelhaften Verlangen, trotzdem daß die mitleidige Göttin sie in Gestalt eines alten Mütterchens gewarnt hatte. Das Wettweben begann, und Arachne war frech genug, in ihrer Weberei Figuren darzustellen, durch welche sie alle Götter und den Göttervater verhöhnte; das war der Pallas denn doch außerm Spaße. Sie ergriff das Gewebe des unartigen Mädchens, zerriß es ihr verdientermaßen und schlug ihr das Webeschiff um die Ohren. Die Bestrafte hing sich aus Ärger auf, ward aber von der Göttin in eine Spinne verwandelt und verurteilt, für alle Zeiten zu spinnen und zu weben.

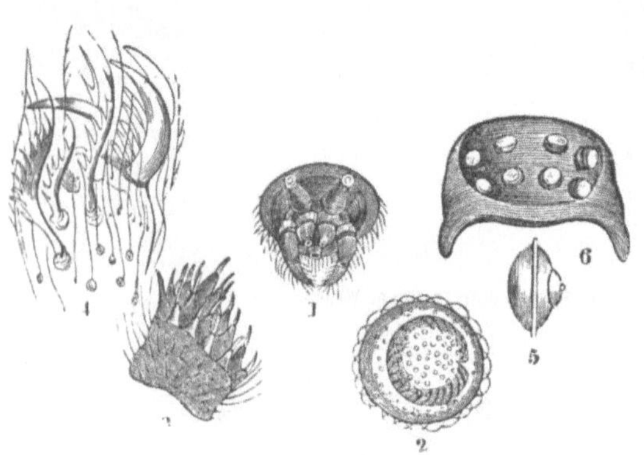

Spinnapparat (1, 2, 3), Fuß (4) und Augen (5, 6) der Kreuzspinne.

Trotz aller Sagen und Gedichte, trotz aller mikroskopischen Betrachtungen und naturwissenschaftlichen Nutznachweise erscheinen die Spinnen unserem Auge meist als häßliche, widerwärtige Geschöpfe, und es möchte selten jemand sein, der sich mit derselben Seelenruhe eine große Spinne auf der Nase herumtanzen ließe, wie er es etwa einem hübschen Schmetterlinge erlaubte. Mit dem Angreifen der Spinnen geht es auch nicht immer so harmlos ab, wie beim Fangen einer Stubenfliege. Wir können, ehe wir es uns versehen, einen Biß in die Finger erhalten. Die Spinnen sind blutgierige Raubtiere und erscheinen unserem Auge schon gezeichnet mit dem widerwärtigen Charakter, den sie besitzen. Selbst der eifrigste Naturforscher wird seine Hausfrau nicht darum loben, wenn sie ihm Zimmer und Fenster durch die Spinnen austapezieren ließe und die achtbeinigen Künstlerinnen an ihren sichtbaren Fäden beim Mittagsmahle über dem Braten oder der Suppe sich schaukelten.

Kopf und Brust sind bei den Spinnen zu einem einzigen Stück verwachsen, das die Freßwerkzeuge und die acht Beine trägt. Es sieht fast aus, als wären sie kopflos. Der Hinterleib hängt daran mit dünnen Stiele wie ein weißfarbiger, welker Lederbeutel und hat nur bei einigen Arten eine hübschere Färbung, erscheint uns aber stets durch seine Weichheit und sein Zerplatzen unangenehm.

Von den acht (bei manchen nur sechs) Augen, welche oben auf dem Kopfe stehen, sind häufig vier größer und vier kleiner. Die Figuren, in welche sie gestellt sind, geben den Naturforschern einen natürlichen Anhalt, um die Spinnengattungen voneinander zu unterscheiden. Bei denjenigen Spinnenarten, welche des Nachts auf Raub ausgehen, leuchten die Augen im Finsteren. Die Beine sind meist borstig behaart und die Krallen, bei denen, welche Netze verfertigen, kammähnlich eingeschnitten und mit noch einem dritten Werkzeug zum Spinnen und Lenken des Fadens, dem Sporn, versehen. Die sechs Spinnwarzen stehen am Hinterteile des Körpers; je nach den Arten sind auch sie verschieden gruppiert, jede derselben aber ist mit zahlreichen Öffnungen versehen, aus denen der klebrige Spinnsaft tritt. Man will an einzelnen Spinnwarzen bis 1000 solcher feinen Öffnungen gezählt haben, andere haben deren nur 400, 300 oder 100. Die Spinne kann beliebig eine geringere oder größere Menge Spinnsaft austreten lassen, danach dünnere oder stärkere Fäden erzeugen. Sie vermag trockene seidenartige Fäden hervorzubringen, außerdem aber auch solche, die mit zahlreichen klebrigen Knötchen besetzt sind und wie Leimruten die anstreifenden Insekten festkleben lassen.

Am Munde sind die Spinnen mit einem Paar sogenannter Klauenfühler bewaffnet, die in einem scharfen, dornartigen Haken endigen. Letzterer ist wie der Giftzahn einer Schlange von einer feinen Öffnung durchbohrt, die mit einer Giftblase in Verbindung steht. Das Gift unserer einheimischen Spinnen ist selten kräftig genug, um einem größeren Tiere oder einem Menschen zu schaden; wohl aber wirkt es heftig lähmend bei allen Kerbtieren. Die Spinnen wärmerer Länder, schon jene des südlichen Europa, sollen schmerzhaft genug beißen können und mitunter auch fieberhafte Erscheinungen veranlassen.

Mit den meisten Raubtieren, die im Versteck ihre Beute erwarten, haben die Spinnen auch die Fähigkeit gemein, erstaunlich lange hungern zu können. Kommt ihnen dann aber ein Fang vor, so vermögen sie auch Fliegen und andere Kerbtiere auszusaugen, die fast so groß sind wie sie selbst, so daß man kaum begreift, wo alles hinkommt. Je nach ihren Fähigkeiten und je nach der Nahrung, welche sie bevorzugen, verteilen sie sich an sehr verschiedene Lokale, suchen aber stets die für sie geeignetsten Plätzchen aus und behaupten diese hartnäckig, selbst wenn sie wiederholt an denselben gestört werden.

Kreuzspinne.

Zuerst fällt uns bei unserer Wanderung die große Kreuzspinne (Epeira diadema) auf, deren Gewebe wegen seiner Regelmäßigkeit zu allen Zeiten die Aufmerksamkeit der Menschen erweckt hat. Die Kreuzspinne ist eine der größten, welche bei uns überhaupt vorkommen; ihr Hinterleib erreicht mitunter die Größe einer Haselnuß und ist durch weiße, ein Kreuz bildende Punkte, die auf dunklem Grunde stehen, gezeichnet. Sie legt ihr radförmiges Gespinst am liebsten an solchen Stellen an, an denen starker Luftzug herrscht, darauf rechnend, daß dieser schwächere Insekten erfasse und ihr zutreibe. Man findet es deshalb am meisten an Luftluken, offenen Fenstern, Kellerlöchern und ähnlichen Orten. Sehr interessant ist es, das Tier bei seiner Arbeit zu beobachten. Die Kreuzspinne durchwandert gewöhnlich erst tagelang ihr Revier, bevor sie eine Stelle zur Anlage des Netzes geeignet findet. Ist sie mit sich über den Ort einig, so heftet sie zuerst in der Höhe einen Faden an und läßt sich an demselben als lebendiges Lot oder Senkblei herab. Hat sie den Faden unten festgeklebt, so marschiert sie wieder hinauf und schleppt währenddem einen neuen Faden hinter sich her, den sie wie ein Seiler unterwegs erzeugt. Der zweite Faden wird gleichfalls oben befestigt. Mit sicherem Blick späht sie die passenden Stellen aus, um die Strahlen ihres Gewebes anzuheften und dem Netze den gehörigen Halt zu verschaffen. Hierbei kommt es vor, daß sie an einem langen Faden aufgehangen schwebt und sich vom Winde so lange schaukeln und treiben läßt, bis sie den geeigneten Punkt zur Anheftung ihres

Ankertaues erreichen kann. Auch ist sie imstande, einen Faden auszuspritzen, der dann vom Winde nach den gegenüberliegenden Gegenständen getrieben wird. (Sehr schön kann man dieses beobachten, wenn man in einen Kübel mit Wasser einen Stock senkrecht stellt und auf ihn eine Spinne setzt. Das wasserscheue Tier läuft am Stabe auf und ab, spinnt dann einen Faden, der vom Winde an einen benachbarten Ort verankert wird und nun benutzt die Spinne sicheren Schrittes die sonderbare Brücke.) Hat sie hinreichend viele Strahlen des Kreises gezogen, so beginnt sie mit der Einfügung von Zwischenfäden, welche Kreise oder noch häufiger eine Stahlfederwindung darstellen. Diese Spiralfäden werden auch wohl verdoppelt, um ihnen besseren Halt zu verleihen. Die Fäden in der Mitte des Netzes sind trocken, die äußeren dagegen mit kleberigen Knötchen besetzt. Ein Spinnennetz von etwa 40 cm Durchmesser soll gegen 120000 solcher Klebknötchen tragen. Bevor sich die Spinne in die Mitte des Netzes auf die Lauer legt, den Kopf nach unten gerichtet, probiert sie die Festigkeit des Gespinstes und hilft nach, wo sie einen Mangel entdeckt.

Mitunter versteckt sich die Kreuzspinne auch seitwärts außerhalb des Netzes, steht aber stets durch einige straffe Fäden mit der Mitte desselben in Verbindung. Gerät nun ein unvorsichtiges, dem Lichtschimmer und Luftstrom folgendes Insekt in die Fäden des Gewebes, so kleben letztere an Flügeln und Füßen desselben an und halten es fest. Wie ein Blitz ist die Spinne da. Sie läuft jedoch nur ruckweise und hält dazwischen inne, um etwaige Gefahr zu erkennen. Dann bringt sie ihrem Opfer an einer weichen Stelle den tödlichen Biß bei. Gewöhnlich ersieht sie hierbei die zarten Hautringe zwischen Kopf und Brust. Da bei dem Biß das heftig wirkende Gift in die Wunde fließt, wird das gefangene Tier gelähmt. Die Spinne selbst bleibt aber in den meisten Fällen keineswegs müßig, sondern umwickelt durch schnelle Umdrehungen alle Glieder der Fliege mit Fäden, so daß diese schließlich ganz unfähig wird, sich zu bewegen. Ist die Spinne hungrig, so verzehrt sie ihre Beute sofort, im anderen Falle hebt sie dieselbe auf. Sie zerkaut sie und vermischt die kleinen Bissen mit ihrem Speichel. Die meisten anderen einheimischen Spinnen saugen ihre Beute nur aus.

Untereinander sind die Kreuzspinnen, wie echte Raubtiere, höchst unverträglich, selbst das Männchen darf nur mit Vorsicht dem Weibchen nahen. Es läuft Gefahr, daß letzteres, wenn es üble Laune hat, wild über dasselbe herfällt, es ermordet und auffrißt. Unsere Kreuzspinne wird nur ein Jahr alt. Im Spätherbst legt das Weibchen gegen 100 Eier, die durch Spinnenfäden zu einem kugeligen Kokon vereinigt sind, und stirbt dann. Die Eier überdauern den Winter. Die Jungen schlüpfen im Mai aus und suchen sich auf eigene Faust hin fortzuhelfen, wobei freilich die meisten zugrunde gehen. Sie spinnen zunächst ganz kleine Fangnetze und begnügen sich mit winzigen Fliegen. Da der Lebensunterhalt der Kreuzspinne von ihrem Fangnetze abhängt, so ist das Tier gezwungen, ein neues anzulegen, wenn ihm das alte zerstört wird. Wird durch wiederholtes Vernichten des Gespinstes der Spinnvorrat erschöpft, so bleibt der Spinne nichts weiter übrig, als eine schwächere Spinne gleicher Gattung zu überfallen und zu erwürgen, um sich in Besitz des Fangnetzes derselben zu setzen, oder sie muß ihr Heil ohne Netz versuchen. Tagelang liegt sie dann wohl an Orten, die von Insekten besucht werden, regungslos auf der Lauer, die Beine dicht an den Körper gezogen, schnellt aber gleich einem Tiger plötzlich auf die Fliege oder Mücke los, die in ihren Bereich kommt.

Hausspinne.

Häufiger als die Kreuzspinne treffen wir in unseren Wohnungen die gemeine Hausspinne (Tegenaria domestica) an, gegen welche allwöchentlich Hausfrauen und Dienstmädchen mit kurz- und langstieligen Besen zu Felde ziehen. Am liebsten sucht sich die Hausspinne einen Zimmerwinkel zum Aufenthalte aus, womöglich einen solchen, der mit einer Ritze oder Lücke in Verbindung steht. Sie ist unansehnlicher gefärbt als die Kreuzspinne, sieht bräunlichgrau aus, hat auf dem Kopfbruststück zwei braune Striche und auf dem kugeligen Hinterleibe schwarze Würfelflecken. Das Männchen mißt, wenn es im Juni völlig erwachsen ist, 10 mm, das Weibchen wird bis zu 18 mm lang. Ihr Gewebe breitet sie wagerecht aus und vertieft es nach der Mitte etwas. Beim Spinnen desselben spannt sie zuerst die äußersten Fäden zwischen den Eckwänden auf, dann gleichlaufend mit diesen die übrigen, je 1 mm voneinander entfernt. In der Ecke verfertigt sie schließlich ein Rohr, in welches sie sich wie in einen Wartturm zurückzieht. Sehr gern setzt sie dieses Fluchtrohr mit einer Spalte der Wand in Verbindung, welche einen letzten Zufluchtsort abgeben kann. Die querüber gespannten Fäden verbindet sie durch eben so dicht stehende

Zwischenfäden, die sich mit jenen kreuzen. Sie flicht sie nicht, sondern klebt sie aneinander. Zuletzt verstärkt sie die Ränder und verdichtet das Gewebe, indem sie nach verschiedenen Richtungen hin auf demselben herumläuft, stets einen Faden hinter sich herschleppend.

In der Eckröhre, die über 1 cm lang ist, sitzt die Spinne auf der Lauer, bis ein Insekt auf das Netz gerät. Wird letzteres erschüttert, so schießt sie hervor und späht nach der Ursache. Ist das gefangene Tier für ihre Kräfte zu groß und steht zu befürchten, daß es bei seinen Anstrengungen das ganze Nest nutzlos zerstören könnte, so löst die Spinne selbst die hemmenden Fäden ab und verschafft dem Gefangenen die Freiheit. Ist aber irgendwie Möglichkeit vorhanden, den Gefangenen zu überwältigen, so ist sie schnell bei der Hand, um ihn durch giftige Bisse zu lähmen und durch geschicktes Umspinnen zu fesseln. Am liebsten verzehrt sie die Beute in ihrem Wachhäuschen. Kleinere Tiere trägt sie mit den Klauen dorthin, größere haspelt sie gleich einem umsichtigen Arbeiter mittels umgelegter Faden dorthin. Sie zieht die Fäden wie einen Flaschenzug immer kürzer und straffer, bringt die Beute glücklich zu ihrem Versteck und macht sich nichts daraus, wenn sie zu dieser Arbeit drei oder vier Tage Zeit verwenden muß. Alle ausgesogene Beute schafft sie vorsichtig hinweg, damit sie nicht anderen Kerbtieren zur Warnung diene und das Netz verunreinige. Letzteres bessert sie sofort wieder aus, ehe sie sich der Ruhe überläßt.

Die gemeine Hausspinne hat auch als Wetterprophetin besonderen Ruf erhalten. Man behauptete früher, daß sie während des ersten Jahres ihres Lebens das Wetter neun Tage vorher verkünde, während des zweiten Lebensjahres aber elf Tage. Wenn die Spinne — so sagte man — in ihrem Netz vor der Höhle mit ausgestreckten Füßen ruhig dasitzt, so erfolgt am neunten oder elften Tage trockenes, schönes Wetter. Dasselbe findet auch noch statt, wenn sie etwa mit halbem Leibe in der Röhre sitzt, den Kopf nach außen gekehrt. Dreht sie sich aber um, den Kopf nach dem Hintergrunde der Röhre und den Hinterteil nach der Öffnung zu, so deutet dies bestimmt auf Regen. Man behauptet sogar, aus dem plötzlichen Umdrehen der Spinne ein am elften (oder neunten) Tage eintretendes Gewitter, ja aus dem Benehmen der Spinnen während des Frühjahres oder Herbstes, wenn sie außer dem Gespinst herumlaufen, das Wetter im künftigen Sommer oder Winter vorhersehen können. Neuere Beobachter begnügen sich jedoch damit, daß sie sagen, die Spinne zeige Wetterveränderungen einige Stunden (8—10) vorher an. — Großes Aufsehen machte es seiner Zeit, als durch eine Wetterprophezeiung, die sich angeblich auf die Spinnen gründete, das Schicksal eines ganzen Landes entschieden ward. Die Franzosen waren im Kriege gegen Holland; ein vornehmer französischer Offizier, Quatremère d'Isjonval, war von den Holländern gefangen worden und hatte sich in seiner Haft auf Spinnenbeobachten und Wetterprophezeien gelegt. Die Holländer hatten ihr Land überschwemmt und den Feinden das Vordringen unmöglich gemacht; der Heerführer Pichegru war auch bereits im Begriff, unverrichteter Sache wieder umzukehren, als er von dem Gefangenen heimlich die Nachricht erhielt, derselbe habe durch Beobachtung der Spinnen in Erfahrung gebracht, daß binnen zehn Tagen starker Frost eintreten werde. Man wartete, auf diese Angabe vertrauend; die Kälte trat wirklich ein, die Wasser gefroren, und die Franzosen konnten ungehindert nach Amsterdam vordringen.

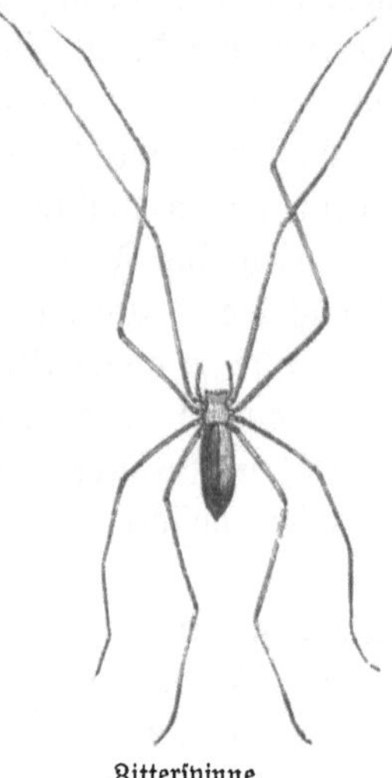
Zitterspinne.

Auch die Kreuzspinnen sollen durch Zerreißen einzelner Grundfäden des Netzes bevorstehenden Sturm andeuten. Stellen sie die eingezogenen Fäden wieder her und setzen sie sich in ihr Gewebe auf die Lauer, so rechnet man auf schönes Wetter. Daß sich die Hausspinne bis auf einen gewissen Grad zähmen und an den Menschen gewöhnen läßt, weiß man aus der Geschichte Christians II. von Dänemark. Dieser König hatte im Gefängnis eine Zeitlang eine solche Spinne als einziges Vergnügen; sie kam auf seinen Ruf herbei und nahm ihm Fliegen aus der Hand.

Die Hausspinne vereinigt im Mai oder Juni gegen anderthalbhundert Eier zu einem kleinen Kokon, den sie versteckt. Eine ihrer nahen Verwandten, die ihr Netz gern unter vorspringenden Mauersteinen anbringt, fertigt zur Aufbewahrung der Eier über dem Gewebe einen röhrenförmigen Sack. Die Spinne setzt sich Wache haltend in die Mündung des Sackes, bis die Kleinen ausgeschlüpft sind. Fängt sich ein Insekt, so tötet es die Alte, zieht es zur Mündung des Sackes empor und befestigt es hier. Jetzt strömt die Schar der Jungen hervor und sättigt sich, die Alte aber genießt nicht früher etwas, als bis sich die Kleinen wieder zurückgezogen haben. So bleibt die ganze Familie etwa eine Woche lang beisammen, während welcher Zeit die jungen Spinnen kräftig genug geworden, um sich selbst fortzuhelfen.

Indem wir die dunklen Winkel der Stallungen und des Kellers durchmustern, treffen wir vielleicht auch auf einige andere Verwandte der Hausspinne, die ebenfalls Weberspinnen sind, d. h. solche, die ein Gespinst zum Fange ihrer Beute anlegen. Eine derselben, die langbeinige Zitterspinne (Pholcus phalangioides), fällt uns durch die Eigentümlichkeit auf, daß sie mitunter, ähnlich wie die Bachmücke, während des Sitzens mit allen Teilen des Körpers zittert. Sie ist fast 1 cm lang, am Vorderkörper und an den Beinen bleichbräunlich, am Hinterleibe grau.

Gemeine Zellenspinne.

Manche andere Spinnenarten begnügen sich mit einem geringeren Gewebe. So legt die gemeine Zellenspinne oder Kellerspinne (Segestria senoculata) in Mauerlöchern eine seidenartig glänzende kleine Wohnung an, deren Öffnung sich sternenförmig erweitert. Von hier aus laufen strahlenförmig zahlreiche Fangfäden von 17—20 cm Länge. Die Spinne ist 1 cm lang, hat einen schwarzbraunen Vorderkörper und auf dem gewöhnlich braunen Hinterleibe eine Längsreihe dreieckiger, schwärzlicher Flecken. Die Beine sind hellbraun und schwärzlich geringelt. Sie setzt sich in der Öffnung ihrer Zelle auf die Lauer, zwei Beine nach hinten gerichtet, sechs nach vorn, und springt gewandt und mutig auf jedes Insekt los, das in das Bereich ihrer Fäden kommt.

Atlasartige Samtspinne.

Im Winter stellt sich auch zuweilen die atlashaarige Samtspinne (Clubiona holosericea) in unseren Wohnungen ein, um Schutz gegen das unfreundliche Wetter zu suchen. Während des Sommers haust sie meist zwischen loser Baumrinde, doch auch in den Fugen der Bretterwände. Sie ist hellgrünlich gefärbt, mit weißlichen Haaren besetzt, die ihr einen Atlasschiller verleihen. Sie spinnt kein Fangnetz, sondern nur röhrenähnliche Gänge in ihrem Versteck.

An sonnigen Mauern und Bretterwänden, mitunter sogar in unseren Zimmern, an Fenstergewänden u. dgl., finden wir nicht selten die kleine

Harlekin- oder Hüpfspinne (Salticus scenicus) herumspazieren, die ihren Namen von ihrer buntscheckigen Färbung erhielt. Das Männchen ist nur 5 mm lang, das Weibchen 6 mm, dabei auch etwas breiter. Der schwarze Hinterleib ist durch drei in der Mitte unterbrochene Querbinden hübsch gezeichnet. Überhaupt hat das Tierchen, sowohl in seinem Ansehen als in seinen Bewegungen, nicht so viel Widerwärtiges wie die meisten seiner haarigen, langbeinigen Verwandten. Die Hüpfspinne fertigt weder Fangnetz noch Höhle, sondern geht auf Jagd aus freier Hand aus. Bemerkt sie eine ruhende Fliege oder Mücke, so nähert sie sich derselben katzenartig schleichend. Man bemerkt kaum ein Bewegen der Glieder, und doch rückt sie der Beute näher und näher, bis sie nahe genug ist, um dieselbe durch einen gewaltigen Sprung zu erhaschen. Entfernt sich das Tier aber früher, so rennt auch die Spinne mit erstaunlicher Geschwindigkeit hinter ihm her.

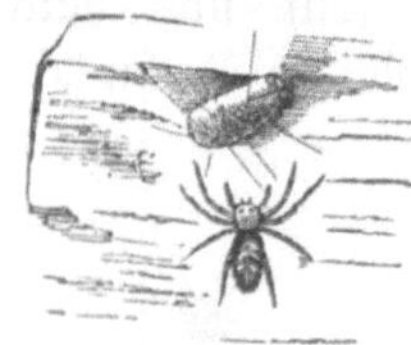

Hüpfspinne.

Zur Zeit der Fortpflanzung fertigt das Weibchen ein glattes, längliches Säckchen an, das es an einem Steine oder an Blättern von Pflanzen befestigt und welches die Eier enthält. Die eine Öffnung dieses Zimmerchens ist durch eine zweiklappige Tür verschließbar. Mehrere Arten solcher herumschweifender Jagdspinnen (besonders auch die Krabbenspinne, (Thomiscus viaticus), die keine Fangnetze anlegen, spinnen im Herbst die sogenannten Sommerfäden. Sie lassen von einem erhöhten, freistehenden Punkte aus einen langen Gespinstfaden von dem Winde weithin flattern, besteigen dann denselben wie einen Luftballon und segeln auf ihm nach höher gelegenen Orten, an denen sie die Winterquartiere beziehen.

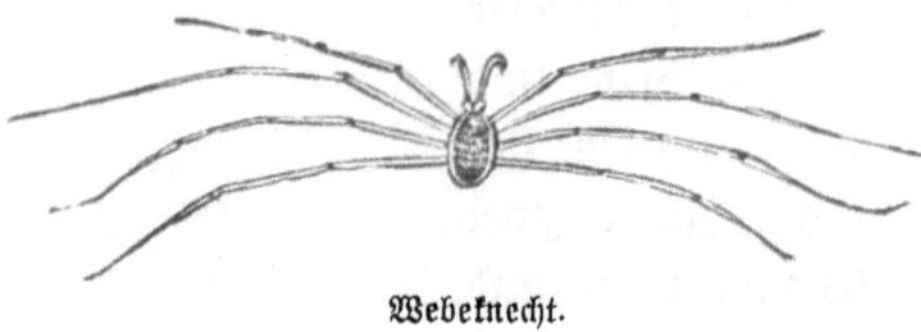

Webeknecht.

Der Hüpfspinne ähnelt in der Lebensweise auch der sogenannte Kanker oder Webeknecht (Phalangium opilio), der sich häufig in den Wohnungen vorfindet, besonders im Keller. Er fällt durch seine außerordentlich langen Beine auf, die schon bei geringer Berührung vom Körper abfallen, nach der Trennung aber noch stundenlang fortzappeln. Bei Tage sitzt das Tier unbeweglich still und spaziert nur zur Nachtzeit umher, um Mücken und kleine Fliegen zu erhaschen.

9.

Die Haushühner.

Die Hühner und ihr Haus werden heute von uns besucht. Wir brauchen keine kleinen Plagegeister in demselben zu fürchten, denn es ist reinlich gehalten. Reinlichkeit ist ja auch bei der Hühnerzucht wie bei allem im Hause die erste Bedingung. Es liegt nach der Sonnenseite gekehrt und empfängt den ersten Strahl der Morgensonne. Zudem ist es ringsum gut verwahrt, Lücken und Fugen sind sauber verstrichen und vor Zugluft behütet.

Ein Fensterchen, das ein festes Drahtgitter schützt, läßt im Sommer frische Luft ein, im Winter schließen wir es mit einem Laden. Dazu ist der Stall ein gutes Stück über dem Boden erhaben und so vor Feuchtigkeit geschützt.

Wärme und Trockenheit sind zwei notwendige Erfordernisse, wenn die Hühner gedeihen sollen.

Das Eingangsloch, zu dem eine Leiter hinaufführt, ist durch ein Falltürchen geschützt, das abends regelmäßig geschlossen wird, um Marder, Iltis, Fuchs, Katzen oder ähnliche nächtliche Gäste abzuhalten.

Innen ist der Fußboden des Stalles mit trockenem Sande ausgestreut, einige vierkantige Sitzstangen sind stufenweise angebracht, und geräumige Weidenkörbe, innen mit Heu ausgefüttert, stehen im Winkel für die eierlegenden und brütenden Hennen.

Früh beim ersten Grauen der Morgendämmerung weckt der Hahn mit lautem Krähen. Die Kinder im Hause schlafen noch, da spaziert er heraus mit seinem Gefolge von Weibern.

Wir halten über die zahlreiche Schar, die das Nachtlager verläßt, kurze Musterung — ein genaues Prüfen der Eigentümlichkeiten aller bekannten Hühnersorten, die gegenwärtig gepflegt werden, würde uns sehr lange in Anspruch nehmen.

Zunächst spaziert ein Haushahn von gewöhnlichem Schlage mit seinen Hennen vorbei. Es ist noch unbekannt, von welcher wildlebenden Hühnerart unser Haushahn wohl abstammt, wie es rätselhaft erscheint, daß in keiner Gegend die Haushühner jemals verwildern, was doch bei manchen anderen Haustieren stattfindet. Man hat im südlichen Asien und auf den asiatischen Inseln vier wilde Hühnerarten kennen gelernt, welche große Ähnlichkeit mit dem Haushuhn zeigen. In ähnlicher Weise, wie sie im Walddickicht leben, taten es wahrscheinlich auch die Stammeltern des Haushuhns. So findet sich auf Ceylon das Dschungelhuhn (Gallus Stanleyii), auf Java das gabelschwänzige Huhn, der Gangegar der Malaien (G. furcatus), ebendaselbst und in Indien das Bankivahuhn (G. Bankiva oder Kasintu) und das Sonnershuhn (G. Sonnerati oder Katukoli). Manche Forscher vermuten auch, daß die zahlreichen Hühnersorten aus Vermischung mehrerer wilder Arten entstanden sein könnten.

In Ländern, in denen man sich die Hühnerzucht besonders angelegen sein ließ, erzog man allmählich auch neue Hühnersorten, von denen die einen sich durch fleißiges Eierlegen und Brüten, die anderen durch ihr vorzüglich schmackhaftes Fleisch, noch andre endlich durch ihr Aussehen, ihre Federn und Farbenpracht und den Mut ihrer Hähne auszeichneten. Lange Zeiten hindurch war die Hühnerzucht in Frankreich und Holland ein Lieblingsgegenstand der Gutsbesitzer. Seit Anfang vorigen Jahrhunderts begann man auch in England sich lebhafter dafür zu interessieren und hat gegenwärtig eine Reihe wertvoller und interessanter Sorten erzeugt, besondere Vereine von Hühnerzüchtern, Ausstellungen, Preismedaillen usw. gegründet,

Der Hühnerhof.

die teilweise auch in unserem Vaterlande Anklang und Nachahmung gefunden haben.

Schon die gewöhnlichen Haushühner zeigen vielfache Veränderungen in der Färbung und Befiederung. Einigen fehlt der Schwanz gänzlich (Kaulhühner), andere tragen auf dem Kopfe große Federhauben (Schleierhühner), diese haben große, andere kleine Kämme und Fleischlappen. Eine schöne Spielart sind die englischen Dorkings, deren Gefieder meistens in bräunlichen Farben schattiert ist. Sie weichen von anderen Hühnerarten auffallend dadurch ab, daß sie an jedem Fuße eine fünfte kurze Zehe zeigen, die zwischen dem Sporn und der Hinterzehe steht. Die Brabanter Hühner liebt man wegen ihrer regelmäßig tigerartig gefleckten Zeichnung. Jede ihrer weißen, blaß- oder goldgelben Federn hat an der Spitze einen großen schwarzen Punkt.

Im Jahre 1844 erhielt die Königin Viktoria von England aus China einige Hühner von ganz auffallendem Bau zum Geschenk, die man nach der Stadt, von welcher sie kamen, Schanghai- oder noch häufiger Kochinchinahühner nennt (s. Abbild. S. 69 vorn links). Sie sind viel größer und stärker als die gemeinen Hühner und in ihren ersten Lebensjahren sehr fleißig im Legen großer Eier und im Brüten. Sie haben sich seitdem schon ziemlich weit verbreitet und zeigen meistens eine gelbbräunliche Farbe, die bei besonders geschätzten Spielarten völlig kanariengelb wird. Andere Sorten sind weiß, braun, schwarz, rötlich gefleckt usw. Die Bramaputrahühner sind den Schanghais ganz ähnlich, dabei aber stets schwarz und weiß gezeichnet.

Den Gegensatz zu diesen Riesen bilden die kleinen Bantamhühner (s. Abbild. S. 69 vorn rechts), die noch mehr als die anderen Hühner gegen Feuchtigkeit empfindlich sind. Ihre sehr kleine, zierliche Gestalt läßt sie sehr hübsch erscheinen, dabei legen sie fleißig Eier, und ihr Fleisch hat einen fast rebhuhnähnlichen, feinen Geschmack. In der Färbung weichen sie außerordentlich voneinander ab. Wegen ihres schönen Gefieders hält man auch hier und da die aus Indien stammenden Seidenhühner (s. Abbild. S. 69 vorn rechts). Sehr gesucht sind besonders die weißseidenen. Sie sehen zwar ziemlich starkknochig aus, haben aber dabei ein ganz feines, seidenen Fasern ähnliches Gefieder. Ebenso sonderbar nimmt sich das gekräuselte Huhn aus, (s. Abbild. S. 69 vorn in der Mitte), das von Sumatra und Java stammen soll. Seine Federn stehen bei trockenem, warmem Wetter aufwärts gekrümmt und legen sich nur bei Regenschauer in die gewöhnliche Lage zurück.

Kaum sind die Hühner aus ihrem Nachtquartier ins Freie marschiert, so entwickelt sich ein reges Leben. Dort scharrt eine Henne eifrig im Sande und sucht nach Körnern oder nach einem Wurm. Ein Käfer ist ein Leckerbissen für sie, sie verschmäht selbst Fleisch nicht. Manche Hühnerzüchter mästen die zum Schlachten bestimmten Hühner mit Fleisch und geronnenem Blut; sie sollen nach diesem Futter besonders schöne und dabei große Eier legen. Hungrige Hühner tragen sogar kein Bedenken, einen jungen Vogel, etwa einen nackten Sperling, dessen sie habhaft werden können, tot zu hacken und zu verschlingen.

Zwei Hähne geraten miteinander in Streit. Ihre Kampfluft, die Wut, mit der sie aufeinander losgehen, sich Schnabelhiebe, Flügelschläge und Spornstöße geben, erinnert uns an die Hahnengefechte, die in vielen Ländern der Erde gebräuchlich sind. Man hat in Mexiko, in Manila und vielen anderen Orten besondere Schaubühnen und Kampfplätze hierzu, zieht mit großer Sorgfalt solche Arten von Hähnen (auf unserer Abbildung jener Hahn, welcher einen Angriff auf des Knaben Butterbrot macht), die sich durch Kraft und Gewandtheit beim Kampfe hervortun, und richtet sie für die Gefechte eigens ab. Dabei begnügt man sich oft leider nicht, die Tiere mit ihren gewöhnlichen Waffen gegeneinander kämpfen zu lassen, sondern schnallt ihnen mit Riemen aus weichem Leder scharfe stählerne Klingen an, deren Stöße abscheuliche Zerfleischungen und oft den Tod zur Folge haben.

Mexikanischer Hahnenverkäufer.

Auch die Hennen entwickeln kühnen Mut, sobald sie ihre Küchlein zu schützen haben. Gute Hühner brüten in einem Sommer zwei- bis dreimal, und zwar je 10—18 Eier aus. Sie legen dann eine Zeitlang täglich ein Ei, und wenn man ihnen dasselbe stets wegnimmt, so fahren sie mit dem Legen auch noch eine Zeitlang fort, so daß man mitunter von einer einzigen Henne im Laufe eines Jahres nahe an 200 Eier erhalten hat. Weniger gute Hennen legen wohl einen Tag um den anderen. Sie können 10—12 Jahre alt werden, hören aber in den letzten Jahren auf, zu legen; ihre Federn fangen dann an, denen des Hahnes zu ähneln, und ihre Stimme wird gleichfalls hahnenartig. Sie sind nur noch zum Mästen und Verspeisen tauglich, geben aber so alt einen zähen Braten. Legt eine Henne an einem Tage ein zweites Ei, so ist bei diesem gewöhnlich die Schale noch nicht fest. Es eignet sich also weder zum Brüten, noch zum Aufbewahren. Auch Doppeleier kommen gelegentlich vor, bei denen zwei Dotter gemeinschaftlich von einer Schale umschlossen sind.

Bevor die Henne brüten will, gibt sie dies durch einen besonderen Ruf, das Glucksen, zu erkennen, und man bietet ihr dann an einem dunklen, geschützten Orte ein ruhiges Plätzchen in einem Weidenkorbe. Hier sitzt sie dann volle drei Wochen lang Tag und Nacht ununterbrochen auf den Eiern und wendet diese von Zeit zu Zeit um. Kaum gönnt sie sich so viel Erholung, daß sie einigemal täglich aufsteht, um einen Schluck Wasser zu nehmen. Man setzt ihr deshalb auch Futter und Wasser lieber in die Nähe, um es ihr bequemer zu machen. Nicht alle Eier, deren die Henne bis 18 Stück auf einmal bebrütet, sind lebensfähig. Fühlen sich einzelne darunter beim längeren Brüten kalt an, so kann man sie wegnehmen, da dies ein Zeichen ihrer Untauglichkeit ist.

Naturforscher haben in höchst interessanter Weise das Wachsen des jungen Hühnchens im Ei verfolgt, vom winzigen Keimbläschen an, das neben dem Dotter liegt, bis zum völlig ausgebildeten Küchlein. Letzteres hat die Füße an den Leib gezogen und den Kopf wie beim Schlafen unter den rechten Flügel gesteckt. Am 20., 21. oder 22. Tage fängt das kleine Tier an, mit dem Schnabel kräftig gegen die Schale zu picken, und da es sich hierbei völlig herumdreht, so zerspaltet es die äußere feste Eierschale in zwei Hälften. Innerhalb der letzteren ist noch eine andere zähe Haut, welche den jungen Vogel einschließt. Sie wird ebenfalls zerhackt, und das niedliche Tierchen schlüpft hervor. Während des ersten Tages bedarf es kein Futter. Es hat von dem Dotter des Eies her noch so viel Nahrungsstoff in sich, daß es nicht nur leben, sondern auch auffallend wachsen und sich entwickeln kann.

Hat ein Küchlein nicht Kraft genug, sich aus dem Ei zu befreien, oder wird es dadurch gehindert, daß ihm die innere Schale an die Federn geklebt ist, so hilft man ihm bei seinen Bestrebungen, da es ohne solchen Beistand umkommt. Es gehen trotzdem gewöhnlich von einer Brut einzelne Junge zugrunde. Man übereilt sich aber mit dem

Der Pfau und seine Henne.

Befreien des Küchleins nicht, sondern hilft erst dann, wenn dasselbe nach 24 Stunden noch nicht imstande gewesen ist, den angefangenen Riß zu vollenden.

Außer den echten Hühnern zieht man hier und da noch einige Verwandte derselben nutzbaren Familie, die einen ihres Fleisches wegen, die anderen nur um ihr schönes Gefieder.

So ist schon in alten Zeiten der Pfau als Prachtvogel von Indien aus zu uns gebracht worden, desgleichen mehrere Arten Fasanen. Den gemeinen Fasan hegt man gern in Wäldchen, den Gold- und Silberfasan hält man dagegen lieber im Hühnerhäuschen. Von Afrika erhielt man das weißgetüpfelte Perlhuhn, das hübsch aussieht, aber häßlich schreit, wie ja auch die Stimme des Pfaues nicht gerade reizend klingt. Für die Küche dagegen ist von größerer Wichtigkeit der Truthahn, der in den Waldungen des gemäßigten Nordamerika seine ursprüngliche Heimat hat. Der wilde Truthahn findet sich gegenwärtig in den Staaten Ohio, Kentucky, Illinois, Indiana, Arkansas, Tenessee und Alabama. Er ist ein gar stattlicher Vogel von kupferroter Farbe, dabei metallisch glänzend. Als Hausgenosse hat er seine Färbung vielfach verändert, sein drolliges Wesen mit Radschlagen, Flügelschleifen und Poltern aber zur Heiterkeit aller Kinder behalten. Nach Europa ward er schon kurze Zeit nach der Entdeckung Amerikas übergesiedelt; im Jahre 1524 führte man ihn in England ein, 1534 in Deutschland.

Zu ihnen gesellen sich dann die Scharen der weichgefiederten Wasservögel: Gänse und Enten; die mit ihren Eiern und ihrem schmackhaften Fleisch und ihrem Fett unsere Tafel bereichern, mit ihren Federn unsere Betten füllen und uns dadurch vor dem Frost der Winternächte beschützen. Es macht der aufmerksame, vorsorgliche Hauswirt sein Gehöft gern zu einer kleinen Arche Noah, in welcher die Tiere zu mindestens je sieben Paaren wandeln. Möge sich auch der Bogen des Friedens stets über seinem Besitztume wölben!

10.

Die Unkräuter im Garten.

Diejenigen Pflanzen, welche die Leute zu nichts Besonderem zu gebrauchen wissen, nennen sie Unkräuter. Da wir nun niemand einen Schaden damit zufügen, wenn wir das Unkraut ausjäten, wollen wir dasselbe heute zum Gegenstand unserer naturwissenschaftlichen Forschungen erheben.

Schon früher haben wir wildwachsende Pflanzen in Stube und Kammer aufgesucht, nachher drunten im Keller und droben auf dem Dache botanisiert; heute schauen wir uns die Flora des Hofes und Gartens an, d. h. zunächst nur die wilde. Sie ist bereits so reichhaltig, daß wir ein besonderes Büchlein füllen müßten, wollten wir die hier vorkommenden Gewächse möglichst erschöpfend beschreiben. Wir müssen deshalb auf letzteres verzichten und wollen uns mit einigen Winken für unsere jungen Freunde begnügen, durch welche wir ihnen den Weg andeuten, auf dem sie sich selbst hierbei forthelfen können. Nur einzelne allgemeine Züge können wir noch hinzufügen.

„Wie kommen die Unkräuter herein in den Garten?" so fragt wohl der Gärtner oder Hausvater halb ärgerlich, wenn jene bereits wieder allenthalben aufsprießen, da er doch erst vor wenigen Tagen alle Beete sorgsam gereinigt hat. Bei genauer Beobachtung würden sich mehrere Antworten darauf ergeben. Der Löwenzahn (Fig. 4 des Anfangsbildes) und die Gänsedistel (Sonchus oleraceus) (Fig. 6) haben an ihren kleinen Fruchtkörnern leichte Federkronen. Der Wind hebt die Früchtchen, wenn sie völlig reif sind, vom Fruchtboden der Mutterpflanze ab und trägt sie weiter. Und wenn auch die Mauer um Garten und Hof noch so hoch ist, sie kommen doch darüber. Die steigen gleich Dieben über und lassen sich unbemerkt nieder, wo irgend ein Plätzchen mit fruchtbarer Erde ist.

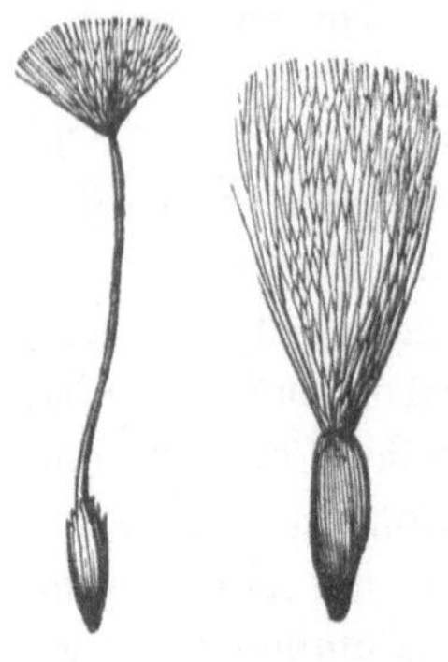

Frucht vom Löwenzahn; Frucht von der Gänsedistel; etwas vergrößert.

Das kanadische Berufskraut (Erigeron canadense), das 1690 von Amerika zufällig nach Europa gebracht wurde, hat mit Hilfe seines gefiederten Samens seine Reise auf den Flügeln des Windes fast durch ganz Europa vollendet und findet sich gewöhnlich sofort ein, wenn irgendwo ein Stück Land wüste gelegt ist. Auch das Kreuzkraut (Senecio vulgaris) (Fig. 5) tut es ihm hierin gleich. Seine gelben Blümchen verwandeln sich sehr schnell in weiße Federköpfchen mit Samen, so daß es in manchen Gegenden den Namen Baldgreis erhalten hat.

Alle diese genannten Pflanzen, die ebenso gern auf der Firste der Lehmmauer wie zwischen den Blumen und Küchenkräutern auf den Beeten sich einfinden, haben Blüten, die je aus zahlreichen kleinen Blütchen zusammengesetzt und außen von einer gemeinschaftlichen Hülle umgeben sind. Es sind Vereinsblütler (Korbblütler), sämtlich Glieder einer und derselben natürlichen Familie.

Ein anderer, ebenso zudringlicher Gast ist das Hirtentäschchen. Seine fiederspaltigen Blätter siedeln sich fast auf jedem Beete an.

Während sich die vom Gärtner gesäten Pflanzen erst noch besinnen, ob es auch wohl warm genug sei zum Wachsen, spindelt das Hirtentäschchen schon seinen Stengel mit Blüten in die Höhe und hat reife Samen, ehe man sich dessen versieht. Die Blüten sind unansehnlich weiß und haben vier im Kreuz stehende Blätter. Die Frucht ist ein

Schötchen von dreieckiger Form, das den Taschen ähnelt, wie sie vor alters die Hirten trugen. Den Kindern dienen sie wohl auch als Spielzeug. Sie halten den Stengel einem Unerfahrenen vor und fordern ihn auf, eine der Fruchttaschen abzureißen; tut er es, so begrüßt ihn der Spottgesang: „Taschendieb, hat sein' Vater und Mutter nicht lieb!"

Die Samen des Hirtentäschchens werden ebenfalls leicht durch den Wind weiter geblasen. Dazu kommt noch, daß sie fast mit jedem Boden fürlieb nehmen und leicht keimen. Ihm gesellen sich gern der Ackersenf und Hederich zu, beides ein paar Familienverwandte, da sie wie jenes Kreuzblumen tragen und ihre Samen in Schoten reifen. Beide sind, so ähnlich sie ausschauen, an den Kelchblättern zu erkennen, die beim Hederich den Blumenblättern anliegen, beim Ackersenf wagerecht abstehen. „Hederich hebt sich, Senf senkt sich!" Beim Hederich ist die außerordentliche Lebensfähigkeit merkwürdig, die seine Samen besitzen. Sie können viele Jahre lang im Boden liegen, ohne zu verderben. Erfährt letzterer eine für sie günstige Veränderung, so keimen sie plötzlich und bedecken massenhaft große Flächen, ohne daß man begreift, wo sie hergekommen. Ein Ähnliches gilt von den Trespen (Bromus). Die Samen dieses Grases können unbeschadet von Tieren verzehrt werden, ohne daß dieses die Keimkraft zerstört, ja man hat versuchsweise Trespensamen nach jedesmaliger Reinigung von fünf verschiedenen Tierarten nacheinander verspeisen lassen und gefunden, daß sie keimten, als sei ihnen nichts widerfahren. So können Unkräuter durch den Dünger mit in den Boden kommen, ja die Taube und Henne können möglichenfalls das Ihre dazu beitragen, wie bekanntlich auch die Drosseln die Mistel auf die Zweige der Obstbäume bringen können.

Durch Untermengung unter anderen Pflanzensamen, den wir ausstreuen, können gleicherweise vielfach Unkräuter verbreitet werden; ja manche hängen sich ohne unser Wissen an Kleidern, Zeugen und anderen Gegenständen fest; sogar der Hund kann in seinem Pelze Samen herzutragen, wie ja Verbreitung gewisser Samen, die mit Häkchen versehen sind, durch Schweineborsten und Schafwolle nachgewiesen ist.

Noch häufiger als die Trespe tritt das einjährige Rispengras (Poa annua) (Fig. 2, S. 75) auf und zeigt sich so unverdrossen gegen Fußtritte und andere Mißhandlungen, daß es selbst zwischen dem Pflaster des Hofes, ja auf den vielbegangenen und befahrenen Straßen der Stadt sich anklammert. Das zusammengedrückte Rispengras, ein naher

Verwandter von ihm, thront häufig in Gesellschaft anderer Gewächse auf den Mauerfirsten.

Sommer und Winter grünt die Vogelmiere (Stellaria media) (Mäusedarm, Vogelmeier, Fig. 1, S. 75) auf Beeten und Schutthaufen. Ihre fünf weißen Blütenblättchen, fünf Kelchblätter, zehn Staubgefäße und der eigentümliche Bau der Kapselfrucht machen sie als Glied der Nelkengewächse (im weiteren Sinne) kenntlich. Die niedlichen grünen, saftigen Blätter bilden ein Lieblingsfutter des Kanarienvogels und werden in größeren Städten deshalb in Bündelchen auf dem Markte feilgeboten. So kann selbst ein verachtetes lästiges Unkraut für arme Leute noch zu einem Erwerb werden. Daß solcher nicht als unbedeutend anzusehen, das zeigen uns Mitteilungen, die von London aus über das vorhin genannte gemeine Kreuzkraut veröffentlicht worden sind. Dieses Unkraut hat gleiche Verwendung wie die Miere und wird in London in Bündelchen sehr billig verkauft. Auf einem Markte (Covent-Garden-Markt) allein handeln fünf Läden mit Kreuzkraut und verkaufen jährlich beinahe für 4500 Mark davon. Außerdem ist es aber auch auf den übrigen Märkten zu haben und wird von zahlreichen Leuten fast in jeder Hauptstraße in Körben ausgeboten.

Nesselhaar; stark vergrößert.

Melden und Brennesseln fehlen ebenfalls selten in einem Garten als Unkraut. Erstere fallen selbst dann, wenn sie noch klein sind, sofort durch die weiße Bereifung der Blätter und Stengel auf. Mehrere Arten dieser Gattung können als Gemüse verspeist werden, und die Gartenmelde wird zu diesem Zwecke eigens angebaut. Die große und kleine Brennessel (Fig. 3 und 7, S. 75) sind zwei Gewächse, die sich fast jedem Kinde unvergeßlich machen, wenn auch nicht auf angenehme Weise. Bei leichter Berührung verursachen sie heftiges Brennen auf der Haut, das sich mit aufgelegter feuchter Erde, noch schneller aber durch Waschen mit Ammoniakwasser lindern läßt. Blätter und Stengel sind bei ihnen mit feinen Haaren besetzt, die man in gewisser Beziehung mit den Giftzähnen der Schlangen verglichen hat. Wie letztere, sind sie innen hohl und enthalten einen scharfen giftigen Saft, der den Schmerz hervorruft. Die Spitze jedes Haares hat ein kleines sprödes Köpfchen, das beim Berühren leicht abbricht. Ohne Köpfchen kann das Haar leicht in die Haut dringen und seinen Inhalt in die Wunde gießen. Bei herzhaftem, festem Angreifen biegen sich die Brennhaare, und man bleibt unverletzt.

In alten Zeiten hat man bei Hungersnot auch aus Brennesseln Gemüse gemacht, das dem Spinat ähnlich schmecken soll; gegenwärtig sammelt man die Brennesseln aber nur fürs Vieh als Futter, namentlich für die jungen Gänse. Der Stengel der Nessel enthält so feste, zähe und lange Bastfasern, daß sich dieselben bequem zum Spinnen von Garn und Zeugen eignen, welche der Leinwand ähneln. Mehrere asiatische Nesselarten werden auch in ihrer Heimat zu diesem Zwecke verwendet, und auch unser Hanf ist ein naher Verwandter der Brennnessel. Unsere einheimischen Nesseln benutzen wir selten zu Gespinsten, weil Flachs und Hanf auf demselben Feldstücke mehr und schönere Fasern liefern, dabei auch angenehmer zu bearbeiten sind als jene brennenden Gesellen. Doch hat man in neuester Zeit Versuche mit der Verarbeitung der Nesselfasern gemacht, die als gelungen gepriesen wurden. Mitunter verordnet der Arzt auch wohl Brennesseln als Hautreizmittel; der ätzende Saft der Brennhaare soll mit der Ameisensäure Ähnlichkeit haben.

Stechapfel mit Blüte und junger Frucht.

Der Vogelknöterich (Polygonum aviculare) breitet sich gern auf den Wegen aus und klemmt sich zwischen die Gesteine, so daß er von den Fußtritten nicht leidet. Er erinnert uns daran, daß die Japaner aus ihm oder einem sehr nahen Verwandten blaue Farbe darstellen, die dem Indigo ähnlich ist. In Österreich erzählt man vom Vogelknöterich eine drollige Sage. Es sei vor alters auf einem Dorfe ein armer Bursch, Hannes, gewesen; dieser habe um die Tochter des reichen Nachbars gefreit, von dem geizigen Vater jedoch schnöden, abschlägigen Bescheid erhalten. Hierüber habe er sich so gegrämt, daß er allmählich eingeschrumpft und zuletzt in die niedrige Blume am Boden verwandelt worden sei. Man nennt sie in Österreich den „Hannes (Hans) am Wege" und setzt hinzu, das reiche Bauernmädchen sei ebenfalls in eine Blume, „Gretel in der Staude (Gretchen im Busch)", verwandelt worden. — Aus dem wärmeren Amerika stammend, ist in unseren Gärten als Unkraut auch noch der aufrechte Sauerklee (Abb. S. 83) eingebürgert und säet sich leicht aus, so daß er trotz des Jätens jährlich wieder erscheint. Er hat zum Unterschiede vom gemeinen Sauerklee gelbe Blüten.

Schwarzes Bilsenkraut.

Mitunter finden sich im Garten als Unkräuter sogar eigentliche Giftpflanzen ein, die unsere Aufmerksamkeit in noch höherem Grade erfordern. So erscheinen bisweilen Stechapfel und Bilsenkraut, sehr häufig dagegen der schwarze Nachtschatten und die Gartengleiße (Aethusa Cynapium). Letztere hat zwar viel Ähnlichkeit mit der Petersilie, läßt sich aber von derselben leicht durch den widerlichen Geruch, der selbst beim Zerreiben des kleinsten Blättchens entsteht, unterscheiden. Bei der Abbildung des schwarzen Nachtschattens auf S. 82 geben wir unseren jungen Freunden zugleich ein Beispiel, in welcher Weise sie sich durch Zergliedern und Zerschneiden von Blüte und Frucht eines Gewächses eingehender über den Bau desselben unterrichten können. Die abgebildeten Teile Fig. a bis f sind etwas vergrößert dargestellt, wie sie sich durch ein einfaches Vergrößerungsglas ausnehmen. Fig. a zeigt uns die fünf Staubgefäße mit ihrem verhältnismäßig großen Staubkölbchen und seinem sehr kurzen Staubfaden, b ist der obere Teil des Fruchtknotens mit dem darauf stehenden Griffel, der am Grunde behaart ist und auf der Spitze die Narbe trägt, c ist der Fruchtknoten im Querschnitt, d derselbe im Längsschnitt, e ein Samenkorn aus der Beere im Längsschnitt, f dasselbe im Querschnitt.

Mustern wir nun noch den Schutthaufen im Gartenwinkel, die Mauer oder Bretterplanke, welche ihn umgibt, den Wassergraben daneben oder im Hofe, sowie die Umgebung des Brunnens, so wird sich die Reihe der wildwachsenden Pflanzen bedeutend vermehren. Am Brunnen treffen wir in mancherlei grünem Überzuge und Fasern eine ganze Anzahl von Algen, deren eigentlichen Bau wir aber erst mit Hilfe des Mikroskops erkennen. Um sie aufzubewahren, schaben wir die grünen Fäden oder Häute von den Steinen und dem feuchten Holzwerk los. Einiges können wir sofort trocknen und in kleine Briefchen einschlagen, auf denen wir nach Anleitung unseres Lehrers oder nach eigener Bestimmung mittels eines Handbuches den Namen aufschreiben — andere breiten wir in einer Schüssel mit Wasser auf einem Blättchen weißen Schreibpapiers aus und lassen sie trocknen. Sie bleiben dann selbst ohne andere Bindemittel daran hängen.

An dem Bretterzaune und an der Steinmauer treffen wir dicht angeschmiegt mehrere Arten Schüsselflechten und Wandflechten, die wir mit Hilfe des Messers abschaben können. Die Zweig- und Strauchflechten, die auch hier vorkommen, sind zwar bei trockenem Wetter unfügsam starr, werden aber, wenn wir sie ins Wasser tauchen, so weich und gefügig, daß wir ihnen dann jede beliebige Form geben können. Die Moose auf der Mauerfirste, am Grunde feuchter Mauern auch das Steinlebermoos, lassen sich beim Anfeuchten ebenso leicht behandeln.

Bei den übrigen Pflanzen reicht zu näherer Betrachtung meist schon das bloße Auge aus; eine einfache Lupe, die drei- bis sechsmal vergrößert, ist selbst bei den kleineren Blütenteilen der Gräser usw. genügend. — Wir setzen uns also das Ziel, jedes Unkraut, das in unserer Umgebung sich einfindet, genau kennen zu lernen, und zwar in allen Stufen seines Alters. Am besten ist es, wenn wir bei einem fruchttragenden Exemplare zunächst die Samen genau anschauen und uns abzeichnen, einige davon auch in ein Briefchen eingeschlagen aufbewahren — stets mit aufgeschriebenem Namen versehen. Dann betrachten wir den keimenden Samen, der bei jeder Unkrautart sich anders gestaltet zeigen wird. So verfolgen wir die Gewächse bei ihrem Wachsen bis zur Blüte und Fruchtbildung, zeichnen die ganze Pflanze, die einzelnen Blätter, den Blütenstand, die Blüte mit allen einzelnen Teilen und die Frucht. Blüten und Früchte nehmen wir vorsichtig auf einem Stückchen weißen Papiers mit einem spitzen Federmesser und einer starken Nadel auseinander, so daß wir eine klare Einsicht in den Bau derselben erhalten. Danach suchen wir mit Hilfe einer „Flora", d. h. eines Handbuches, welches die wildwachsenden Gewächse der Umgegend beschreibt, zu bestimmen, welchen Namen das uns vorliegende Gewächs von den Naturforschern erhalten hat. Von allen Pflanzen, die wir in dieser Weise untersuchen, bewahren wir uns Exemplare in den verschiedensten Entwickelungsstufen ihres Wachstums auf und legen uns so ein Herbarium oder Pflanzenbuch an, das uns zu einem angenehmen und lehrreichen Bilderbuche wird.

Schwarzer Nachtschatten.
a ein Staubgefäß, b der Stempel, c der Fruchtknoten, quer durchschnitten, d derselbe im Längsdurchschnitt, e ein Samenkorn mit dem Keimling im Längsdurchschnitt; f dasselbe im Querdurchschnitt.

Bei der Herstellung eines solchen kommt alles darauf an, den Pflanzen in kürzester Zeit den Saftgehalt zu entziehen. Hierzu verschafft man sich einen großen Vorrat von Papieren, die man auf dem warmen Ofen gehörig austrocknet. Sollen nun Pflanzen eingelegt werden, so steckt man 4—6 leere, warme Papierbogen ineinander und bildet daraus die Grundlage. Auf diese breitet man einen einzelnen Bogen, klappt ihn auf und legt dahinein die zu trocknenden Pflanzen. Vorher hat man natürlich die Erde von den Wurzeln entfernt und so viel Blätter und Blüten weggeschnitten, daß die übrig gebliebenen nicht übereinander zu liegen kommen. Bei Gräsern und kleineren

Gewächsen wird ein solches Ausputzen nicht einmal nötig sein. Man gibt dem Gewächs eine angenehme Lage, breitet Blätter und Blüten so aus, daß sie ihre Form deutlich zeigen, und hilft sich bei zu langen Stielen damit, daß man dieselben umknickt oder abgeschnitten besonders einlegt. Hierauf klappt man den Papierbogen zu und legt auf ihn eine gleiche Zahl leerer warmer Bogen, wie unten liegen. Dann folgt wieder ein Bogen mit Pflanzen, dann eine Zwischenlage aus leeren Papieren u. s. f., bis man alle Pflanzen eingelegt hat. Man macht jedoch den Stoß nicht gern höher als etwa eine Hand breit, bringt ihn in eine Presse mit Schrauben, die man mäßig stark anzieht, oder beschwert ihn mit einem Brett, auf das Steine oder sonstige schwere Dinge gelegt werden können.

Aufrechter Sauerklee.

Eine Hauptbedingung ist es, daß man möglichst oft ganz ausgetrocknete und tüchtig durchwärmte Zwischenlagen gibt und die früheren herausnimmt, um sie wieder zu trocknen. Die Pflanzen selbst läßt man in dem Bogen, in welchem sie sich einmal befinden, ungestört liegen und wechselt nur die Päckchen leerer Papiere drüber und drunter. Im Anfange tut man dies täglich zweimal, später ist täglich einmal ausreichend.

Solange sich die Pflanzen noch kalt anfühlen, was man namentlich mit der angehaltenen Lippe deutlich merkt, sind sie noch feucht. Sind sie, nach gewöhnlich vierzehn Tagen, völlig trocken, so nimmt man sie aus den Preßpapieren (zu denen ebenso Löschpapier wie Schreibpapier taugt, ersteres jedoch nur, wenn es keine groben Knoten hat) und heftet sie entweder mit Nadel und Zwirn auf Papierbogen oder mit schmalen Streifchen Papier, das mit arabischem Gummi oder Stärkekleister bestrichen ist. Darunter schreibt man Namen, Familie, Standort und was man sonst noch beliebt, und ordnet sie schließlich nach irgend einem künstlichen oder natürlichen System. Hat man nun je ein Gewächs auf einem einzelnen Papierblatt oder in einem besonderen Bogen, so gewährt dies den Vorteil, daß man seine Pflanzen im Laufe der Zeit nach jedem System ordnen kann, mit dem man sich eben vertraut machen will.

Fleischige und zählebige Pflanzen, wie Mauererpfeffer und Hauslaub, muß man vor dem Einlegen einige Sekunden in kochendes Wasser tauchen und, nachdem man sie umgelegt hat, die Zwischenpapiere noch öfter wechseln als gewöhnlich. Bei anderen Pflanzen ist das Naßwerden vor dem Einlegen sorgfältig zu vermeiden.

Nehmen wir zu unserer Sammlung noch Zweige von den Heckensträuchern, Ziersträuchern und Bäumen des Gartens, (sind die Zweige zu dick, so spaltet man das Holz) und endlich noch Proben vielleicht von angebauten Gewächsen, die wir uns ausbitten, so erhalten wir aus der nächsten Umgebung unseres Gehöftes oder Hauses schon einen ganz hübschen Anfang einer botanischen Grundlage, die um so mehr Wert für uns erhält, je genauer und öfter wir uns mit dem Bau und der Entwickelung jedes Gewächses vertraut machen. Um Pflanzen kennen zu lernen, ist es nicht gerade nötig, daß man stundenweit in Wäldern und auf Bergen nach einem seltenen Gewächs umherstreift; es läßt sich schon in der nächsten Umgebung auf leichte und bequeme Weise damit beginnen, wie bereits die Zimmerflora, gepflegte und wilde, dazu auffordert.

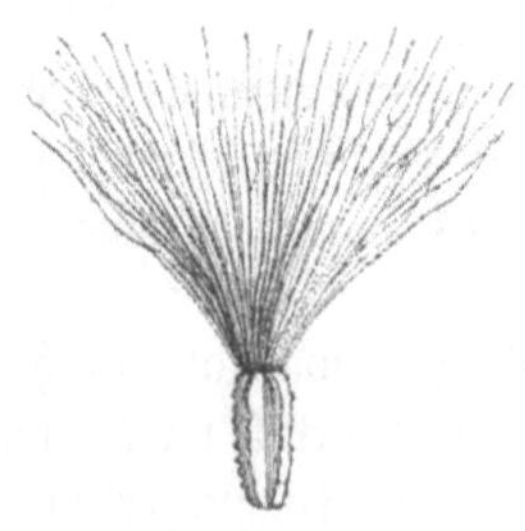

11.

Die sprechenden Vögel.

Ein alter griechischer Philosoph, der ein Spaßvogel war, behauptete, die Menschen unterschieden sich von den Vögeln nur dadurch, daß letztere Federn hätten, erstere nicht. Manche Vögel haben auch wirklich in ihrem Wesen so Eigentümliches, Drolliges und doch auch wieder Verständiges, daß es nicht zu verwundern ist, wenn in den Märchen so vielfach von Verwandlungen verwunschener Prinzen und Prinzessinnen in Vögel die Rede ist. Einen noch sonderbareren Eindruck macht aber solch zweibeiniger gefiederter Gesell, wenn er einige Wörter sprechen gelernt hat und dieselben mit möglichst wichtiger Miene zum besten gibt. Von einheimischen Vögeln ist außer dem Star das Geschlecht der Raben durch jene Fähigkeit berühmt geworden, unter den ausländischen sind es die Papageien.

In vielen Gegenden Deutschlands kann der Star (s. Abb. rechts im Hintergrunde) schon halb als Hausvogel betrachtet werden. Man hängt ihm ein Kästchen mit Flugloch und einem Stängelchen davor an einem Baum oder am Hausgiebel auf und richtet die Öffnung gewöhnlich nach Morgen zu. Das Flugloch muß einen Durchmesser von 5 cm haben. In den ersten Monaten des Frühlings, gewöhnlich Anfang März, paaren sie sich und wählen entweder ein solches Kästchen oder ein Loch in einem hohlen Baume zum Nistplatz. Haben sie bereits in einem Neste ein Jahr lang gewohnt, so suchen sie dasselbe im nächsten Frühling wieder auf, reinigen und bessern es aus. Sie bauen ohne besondere Kunstgeschicklichkeit aus trockenen Blättern, Grashalmen und Federn und legen gewöhnlich 5—6 lichtblaue Eier. In einigen Gegenden nimmt man die Jungen aus, ehe sie flügge sind, und verspeist sie. Die ausgeflogenen Jungen vereinigen sich mit ihresgleichen zu Schwärmen und ziehen, Nahrung suchend, im Lande hin und her. Die Alten brüten zum zweitenmal und suchen dann mit den ausgewachsenen Jungen der zweiten Hecke die Gesellschaft der Erstlinge auf. Sie bilden dann Scharen, die in manchen Gegenden nach vielen Tausenden zählen.

Die jungen Stare sehen vor dem ersten Mausern rauchfahl aus, haben einen dunkelbraunen Schnabel und kleine Flecken. Die alten Männchen dagegen erhalten ein sehr hübsches Aussehen. Der Schnabel wird im Frühjahr heller, im Winter schwarzblau. Das Gefieder ist im Frühjahr fast schwarz, dabei die obere Hälfte des Rückens und ebenso die Brust mit glänzendem Purpurschimmer übergossen. Einzelne Federn des Rückens haben graugelbliche Spitzenflecken. Im Herbst dagegen sind alle Federn des Nackens, des Oberrückens und der Brust mit weißen Spitzen versehen, so daß der Vogel hübsch weiß gesprenkelt erscheint. Beim Weibchen sind die hellen Flecken noch stärker, es sieht deshalb noch bunter und scheckiger aus. Im Winter halten sich die meisten Stare in Südeuropa auf, einige auch in Nordafrika; im Frühjahr kehren sie zeitig zu uns zurück.

Sowie der alte Star bei uns wieder angekommen ist, macht er sich auch durch seinen eigentümlichen Lockruf bemerklich, der wie „Scherr" oder „Schuh" klingt. Dann ahmt er vielfach einzelne Strophen vom Gesange anderer Vögel nach, ruft jetzt wie der Sperling, dann wie eine Grasmücke, darauf quiekt er aber auch wieder wie ein ungeschmiertes Schubkarrenrad oder eine Tür. Am wunderlichsten klingen jene Töne, welche an Mühlgeklapper erinnern. Ein einzelner Vogel kann gelegentlich einen Lärm vollführen, als sei ein ganzes Heer Sperlinge und Stare miteinander im heftigsten Zanke begriffen.

Will man ihn zum Singen oder Sprechen abrichten, so muß man ihn möglichst jung aus dem Neste nehmen. Man füttert ihn mit Semmeln, die man in Milch eingeweicht hat, mit Käseqark und etwas kleingehacktem Fleisch; zuzeiten gibt man ihm auch Mehlwürmer und Ameisenpuppen. Da er sich gern badet, verlangt er stets reichlich frisches Wasser. Besonders muß man darauf achten, daß man den jungen Lehrling allein hält, an einem möglichst stillen Ort, damit er nicht durch andere Töne zerstreut wird. Ein Lied, das ihm oft vorgepfiffen wird, lernt er nachpfeifen; soll er sprechen lernen, so muß ihm stets dieselbe Person die gleichen Wörter vorsagen. Mit manchen Staren aber kann sich der Lehrmeister soviel Mühe geben wie er will, sie lernen doch nichts; andere dagegen erfassen auffallend schnell und setzen durch die Menge von Wörtern, die sie nachzusprechen vermögen, in Erstaunen.

Alte Stare lernen selten sprechen. Manche gewöhnen sich so leicht an das Leben im Zimmer, als seien sie daselbst aufgezogen worden, während andere hartnäckig jedes Futter verschmähen und lieber sich zu Tode hungern, als die Gefangenschaft ertragen.

Am häufigsten sind die Stare in Gegenden, in denen weite Wiesenflächen mit Schilfsümpfen wechseln. Ihre Scharen benehmen sich dann beim Fliegen wie eine gut einexerzierte Kriegerschar, schwenken, steigen und fallen im Tempo, fliegen rasch und beschreiben ebenso gewandt Winkel und Bogen. Während des Tages zerstreuen sich diese Trupps dann auf den Wiesenflächen, suchen Würmer und verzehren gern Schnecken und Heuschrecken. Oft sieht man auch einzelne von ihnen auf dem Rücken der Kühe und Schafe herumspazieren und diesen das Ungeziefer ablesen. Gegen Abend gruppieren sie sich und eilen nach ihren Nachtquartieren, den Schilfdickichten.

Von den **Raben** sind bei uns mehrere Arten vorhanden: der große Kolkrabe, die Rabenkrähe, die Nebelkrähe, die Saatkrähe und die Dohle.

Der größte dieser Vögel ist der **Kolkrabe**, der in unserer Heimat verhältnismäßig selten vorkommt und in seinen Sitten viel von einem echten Raubvogel zeigt. Ein einzelnes Paar behauptet gewöhnlich die Herrschaft über eine weite Gegend und macht hier seine Raub- und Jagdzüge, auf denen ebenso gut junge Enten, Hühner, andere kleine Vögel, wie auch Hasen, Hamster und ähnliche Säugetiere erbeutet werden. Das Nest baut der sehr scheue und schlaue Vogel an möglichst einsamen und schwerzugänglichen Stellen. Er sucht dazu entweder den höchsten Baum eines Forstes aus, besonders wenn derselbe einen dürren Wipfel hat, oder auch steile Felsklippen, Mauern von Ruinen und dergleichen. An solchen Orten schichtet er erst eine Lage dicker Reiser aufeinander und verklebt die Oberseite dieser Grundlage mit einer Lehmschicht. Hierauf folgen dünne Zweige, die zu einer hohlen Nestmulde geflochten werden und inwendig eine Ausfütterung von Grasblättern, Moos, Flechten u. dgl. erhalten. Das Männchen trägt bei dieser Arbeit zu, das Weibchen baut. Im Anfang des März werden 3—4 Eier gelegt. Sie sehen graugrün aus, sind dunkel punktiert, gefleckt und rauhschalig. Während das Weibchen auf ihnen brütet, wird es vom Männchen mit Futter versorgt. An der Pflege der Jungen nehmen beide Eltern den lebhaftesten Anteil und suchen ebenso vorsichtig jede Gefahr von den Kleinen abzuwenden, wie ihnen reichlich Nahrung zuzutragen.

Hat man den jungen Kolkraben ziemlich früh aus dem Neste genommen, so gewöhnen sie sich leicht an ihren Herrn, doch sind auch bei ihnen die Naturen sehr verschieden. Einzelne werden so bösartig, daß sie Hühner und Enten totbeißen, sogar kleine Kinder gefährden; andere dagegen zeigen sich weniger wild. Sie nehmen schließlich mit den meisten Speisen vorlieb, welche in der Küche bereitet werden. Dabei gewöhnen sie sich mitunter, auf einen bestimmten Namen zu hören, und antworten auf den Zuruf. Sprechen lernt der Kolkrabe sehr leicht, ohne daß ihm die Zunge gelöst zu werden braucht. Er ahmt dabei nicht selten mit besonderer Vorliebe die Stimmen verschiedener Personen im Hause nach, nebenbei das Lachen der Kinder, das Gackern der Hühner, das Rucksen der Tauben. Mit dem Haushahn hält er herzhafte Zweikämpfe und den Hund neckt er durch nachgeahmtes Knurren und Bellen.

Während manche Kolkraben aus freiem Antriebe sich mit Sprechenlernen befassen, sind manche andere so ungelehrig, daß ihnen selbst durch viele Mühe nichts beizubringen ist. — In alten Zeiten stand der Rabe aus religiösen Gründen in hohem Ansehen. Die alten Deutschen betrachteten ihn als den Lieblingsvogel ihres Gottes Odin, dessen Befehle er ausführe und als dessen Kundschafter er ausflöge. Die Priester der Römer bemühten sich, aus dem Geschrei des schwarzen Gesellen die zukünftigen Schicksale der Menschen zu enträtseln; sie behaupteten sogar trotz der Einförmigkeit des Rufes „Krack“ oder „Kruck“, doch

64 Verschiedenheiten der Stimme heraushören zu können, nach denen sie ihre Zukunftssprüche einrichteten.

Die Verwandten des Kolkraben, welche im Freien bei uns leben, besitzen das Sprachtalent ihres großen Vetters nur in geringerem Grade, sind aber andererseits auch weniger raublustig und nachteilig als dieser. Sie greifen zwar gelegentlich auch kleinere Vögel an, begnügen sich in den meisten Fällen aber mit Mäusen und Würmern.

Die beiden nächstgrößten Rabenvögel nach dem Kolkraben sind bei uns die Nebelkrähe und Rabenkrähe (s. Abb. S. 85 rechts). Die Nebelkrähe ist am Hinterhalse, Nacken, Rücken, an Brust und Bauch grau, mit einzelnen schwarzen Strichen gezeichnet, an den übrigen Teilen des Körpers schwarz. Die Rabenkrähe ist durchweg schwarz und unterscheidet sich vom Kolkraben fast nur durch die geringere Größe, stumpfere Flügel und durch den gerade abgestutzten Schwanz. Rabenkrähe und Nebelkrähe lieben die Gesellschaft. Beide Arten paaren sich gelegentlich miteinander. Sie legen ihre Nester gern dicht bei einander an und versammeln sich während der Brütezeit ebensowohl zum Schlafen als auch, wie es scheint, zur gesellschaftlichen Unterhaltung auf bestimmten, möglichst hohen und nicht leicht zugänglichen Bäumen.

Trotzdem daß sie während des Winters bis in die Städte und Gehöfte kommen, um etwas für ihren Schnabel aufzutreiben, sind sie doch scheu und höchst vorsichtig und lassen sehr schwer den Jäger in ihre Nähe kommen. Sie erkennen ihn auch aus etwaigen Verkleidungen bald heraus und unterscheiden ihn scharf von anderen Personen, von denen sie nichts zu fürchten haben. Hinter dem pflügenden Landmann marschieren sie gravitätisch und unbesorgt einher, lesen die herausgeworfenen Engerlinge und andere Würmer auf und fangen die fliehenden Feldmäuse mit einigen geschickten Sätzen.

Finden sie mehr Futter, als sie brauchen, so verscharren sie es; gleich ihren Verwandten verstecken sie glänzende Scherben, Geldstücke u. dgl., und haben dadurch schon zu manchem falschen Verdacht Veranlassung gegeben. Werden sie als Nestvögel aufgezogen, so gewöhnen sie sich an das Haus, so daß sie aus- und einfliegen. Sie gewähren durch ihr drolliges Wesen mancherlei Unterhaltung, lernen auch einzelne Wörter nachsprechen, sind aber darin viel weniger geschickt als der Kolkrabe. Das Gleiche gilt von der Dohle, die viel kleiner als die beiden letztgenannten ist.

Die Jäger hatten ehedem die Verpflichtung, jährlich eine bestimmte Anzahl der räuberischen Gesellen zu schießen. Um dies bei der Schlauheit der Vögel ausführen zu können, hielt sich der Jäger gewöhnlich einen Uhu und richtete auf einem weithin sichtbaren Hügel eine verdeckte Hütte ein, neben welcher er den Nachtraubvogel mit einer Kette auf hoher Stange befestigte. Die auf ihren Feind losstürzenden Raben achteten in blinder Wut dann selbst nicht auf die Schüsse, durch welche ihre Gefährten getötet wurden.

Gelehriger als Dohle und Krähe ist die Elster (Abbild. S. 85 links im Mittelgrunde), ein durch den Stahlglanz seines Gefieders und den langen schönen Schwanz ausgezeichneter Vogel. Sie ist der Geselligkeit nicht abhold und macht sich weithin durch ihr eigentümliches Gackern bemerklich. Wo sich ein Pärchen einmal niedergelassen hat, bleibt es zeitlebens, auch während des Winters. Die Elster verzehrt zwar Würmer, Schnecken, Kerbtiere und Mäuse, fällt aber auch wie ein Raubvogel über junge Enten, Hühner und ähnliche hilflose Vögel her, wird deshalb dem Landbewohner mehr schädlich als nützlich. Ihr Nest bringt sie auf hohen Bäumen oder in dichtem Gebüsch an. Es wird aus Reisern gewölbt und fast kugelig. Soll die Elster ans Haus gewöhnt werden, so darf sie eben erst 14 Tage aus dem Ei gekrochen sein. Sie gewöhnt sich dann an die meisten Speisen, welche auf den Tisch kommen, und läuft hinter ihrem Herrn her wie ein Hund. Auch bei ihnen gibt es einzelne, welche förmliche Sprachgenies, andere, welche unbildsam sind. Das sogenannte Lösen, d. h. Beschneiden der Zunge, ist eine unnütze Quälerei. Hat sich die Elster einmal an die Küche des Menschen gewöhnt, so kehrt sie auch stets wieder nach Hause zurück. Noch schöner als die Elster ist der Eichelhäher (Abbild. S. 85 in der Mitte des Hintergrundes) gezeichnet, und zwar fallen bei ihm die Deckfedern der Flügel durch weiße, hellblaue und schwarzblaue Querstreifen auf. Im Freien ist dieser Vogel für alle kleineren Sänger ein schlimmer Nachbar. Er zerhackt und frißt ebenso gern die Eier derselben wie die Jungen. Er lernt einzelne Wörter nachsprechen, außerdem ahmt er auch gern die Töne anderer Vögel und Melodien nach. Man füttert ihn mit Brot, Käsequark, gekochtem, kleingeschnittenem Fleisch und ähnlichen Speisen.

12.

Abfälle im Hause.

Was der Staub im Zimmer, das sind Schmutz und Abfälle im Hause. Wenn nicht ununterbrochen für ihre Beseitigung Sorge getragen wird, wachsen sie an zu Dämonen, welche Behaglichkeit, Reinlichkeit, Ordnung der Wohnung und Gesundheit aller Bewohner zerstören.

Täglich fallen aus der Küche und Werkstatt eine Menge nutzloser Stoffe ab, täglich werden die im Gebrauch befindlichen Gegenstände im Hause, Kleider, Schuhe und Gerätschaften, die etwas abgenutzt, dies oder jenes als ausgedient beseitigt oder als zerbrochen weggeworfen. Düngergrube, Aschenbehälter, Senkgrube und Kehrichthaufen nehmen die mancherlei Invaliden und den Wegwurf der verschiedensten Art auf.

Je dichter die Wohnungen bei einander liegen, je größer und volkreicher also die Städte sind, desto wichtiger ist es, nicht bloß der Bequemlichkeit und Annehmlichkeit, sondern auch der Gesundheit wegen auf vorsichtige Beseitigung des Abfalls, auf gute Einrichtung der Düngergruben usw. zu achten. Vor etwa 600 Jahren war selbst in Paris der schlechte Geruch, welcher sich aus dem Kot und Unrat der Straßen entwickelte, so unerträglich, daß er ins Innere des Königspalastes drang und diesen fast unbewohnbar machte. Noch vor 200 Jahren machten es sich in Berlin die Schweine in den Düngerhaufen auf den Straßen bequem und mußten erst durch die Verordnungen des Großen Kurfürsten entfernt werden. Heutzutage sind die Straßen der meisten Städte gepflastert, und in den größeren Orten nimmt das Schmutzwasser seinen Abzug durch unterirdische Kanäle (Kloaken).

Beobachtungen, welche man beim Auftreten der Cholera angestellt hat, zeigten, daß es höchst wichtig ist, auf die Lage der Düngergrube zu achten. Dieselbe muß sich möglichst entfernt von dem Wohnhause befinden und so gelegen sein, daß die in ihr sich ansammelnden Flüssigkeiten weder mit dem Brunnen noch mit den Grundmauern des Hauses in Verbindung treten können.

Die Ausdünstungen, welche aus der Düngergrube infolge der daselbst stattfindenden Fäulnis aufsteigen, sind der Gesundheit um so schädlicher, je weniger die Luft zum schnellen Wechsel Gelegenheit findet. Durch eine Lösung von Eisenvitriol, durch Karbolsäurepulver, Kalkmilch und mehrere ähnliche sogenannte Desinfektionsmittel, welche man in die Düngergrube (oder Senkgrube) schüttet, vermag man jene Übelgerüche sowie die der Gesundheit schädlichen anderweitigen Luftarten zu zerstören.

In den meisten größeren Städten hat man in neuerer Zeit besondere Sorgfalt auf die Beseitigung aller gesundheitswidrigen Stoffe verwendet, vorzüglich wenn ansteckende Krankheiten (Cholera, Typhus) drohen. Es sind dann durch die Behörden diejenigen Mittel vorgeschrieben worden, durch welche Düngergruben und Kloaken unschädlich gemacht (desinfiziert) werden sollen.

In einem geregelten Haushalte sieht man nicht allein darauf, daß alles Unangenehme möglichst beseitigt wird, sondern man sucht dasselbe auch soviel als tunlich noch zu verwerten. Es ist sehr interessant, einen Blick darauf zu werfen, wie heutzutage noch viele Dinge Benutzung finden, die ehedem nur auf den Schutthaufen oder in die Düngergrube wanderten.

Täglich liefert die Küche dem Haushunde eine Anzahl Knochen, an denen derselbe seine Zähne versucht. In größeren Ortschaften beschäftigen sich zahlreiche Leute damit, dergleichen Knochen, von denen der Hund nichts mehr wissen mag, anzukaufen und zu sammeln. Die größten und schönsten derselben kommen in Fabriken, in denen sie gereinigt, gebleicht und zu Messergriffen, Pianofortetasten u. dgl. umgewandelt werden. Die geringeren Stücke werden entweder zur Herstellung von Phosphor benutzt oder aus ihnen durch Glühen Beinschwarz gemacht. Die übrigen gelangen in der Gestalt von Knochenmehl als geschätztes Düngemittel in die Hände des Landmanns. Mancher Knochen mag in der Form einer zierlich geschnitzten Brosche, ein anderer als Phosphorköpfchen eines Streichhölzchens oder als Glanzwichse in die Haushaltung wieder zurückkehren, aus welcher er entfernt ward. Aus Kalbsfüßen wird ein Öl gewonnen, das bei der Lederbereitung Verwendung findet, und ein ähnliches Öl, welches man aus Schafsfüßen macht, dient beim Bereiten von mancherlei Haarölen. Das Blut geschlachteter Tiere wird als Mittel zur Herstellung tierischer Kohle hochgeschätzt, da es sich als Entfärbungsmittel unübertrefflich zeigt. Es dient in Form von Kohlenpulver zum Reinigen des Zuckers, ebenso wird aus Knochen ein Klebestoff für Färber und Tuchmacher hergestellt.

Lederstückchen und Pergamentfetzen wandern in die Küche des Leimsieders. Fischschuppen werden zu Perlen, zu Armbändern und Ornamenten umgewandelt, Fischaugen verwandeln sich sogar in den Händen der Blumenmacher zu unentwickelten Blütenknospen.

Alte Tuchläppchen und wollene Lumpen, mit denen man früher kaum mehr etwas anzufangen wußte, als schlechtes Löschpapier oder Pappe daraus zu machen, werden gegenwärtig noch zu ganz anderen Dingen gebraucht. Es bestehen in England große Fabriken, die solche Wollenfetzen aufreißen, mit etwas neuer Wolle zusammenkrempeln und daraus Garne und Tuche oder sonstige Wollenzeuge herstellen, die als neu ihren Lauf beginnen. Abfälle, die beim Scheren dieser Stoffe übrig bleiben, schmücken schließlich als Prachttapeten die Zimmerwände. Abfälle von Teppichen kommen auch in Matratzen als Ausstopfmaterial, gemeinschaftlich mit Lederstückchen und ähnlichen tierischen Abfällen auch zur Herstellung des Berliner Blaus. Es ist bei Fabrikation genannter Farbe denkbar, daß ein Lederstückchen, welches ehedem mit dem Stiefeleisen in einem mechanischen Verbande gestanden, in dem Kessel des Fabrikanten mit demselben Eisen eine chemische Verbindung eingeht, die es zu jener schönen Farbe werden läßt.

Die zarten Damenkleiderstoffe, die unter dem Namen Balzarines, Orleans, Koburgs, Alpakas usw. vormals aus Wolle bestanden, sind jetzt aus einer Mischung von Wolle und Baumwolle hergestellt. Sind sie durch längeres Tragen in Lumpen verwandelt, so wendet der Fabrikant chemische Flüssigkeit an, um ihren Baumwollzusatz zu zerstören, reinigt die übrig bleibende Wolle und bringt sie versponnen und verwebt nach einiger Zeit als feines Tuch wieder auf den Markt. Es ist auf diese Weise möglich, daß etwas von der Wolle, welche vor wenig Jahren das Balzarinekleid der Dame bildete, gegenwärtig einen Teil vom Oberrock des Mannes ausmacht. Das Fett, welches in den Abfällen der Wolle enthalten ist, kommt später in Gestalt von Stearinkerzen wieder zurück.

Schnitzel von Pferdehuf und Horn sind zur Herstellung des Berliner Blaus verwendbar und als Düngemittel geschätzt.

Baumwollene und leinene Lumpen sowie aufgelöste hanfene Stricke gelangen später als Papiere, vielleicht als Markscheine wieder in unsere Hände; die leinenen liefern Scharpie zum Verbande von Wunden. Korkabschnitzel und alte Flaschenstöpsel lassen sich noch zur Füllung von Betten und Pfühlen, als Schwimmmaterial für Rettungsboote und Gewänder, endlich auch mit Asphalt gemischt zu Straßenmaterial für Hängebrücken gebrauchen. Lumpen, die vielleicht zur Papierbereitung kaum tauglich waren, verwandeln sich in Papiermaché und kommen als Teebrettchen und als zierliche Figuren wieder. Tabaksasche gibt einen trefflichen Zusatz zu Zahnpulvern. Sägespäne, die bekanntlich die Zimmer säubern helfen, füllen die Puppenbälge, werden beim Verpacken von Flaschen und Eis, beim Reinigen der Metalle und endlich beim Räuchern von Fleisch und Fischen benutzt. Die Holzasche wird vom Pottaschenbrenner und Seifensieder sehr gesucht, die zerpulverten Steinkohlen und Braunkohlen werden in neue Formen verwandelt und ihre Schlacken als Füllung unter Fußböden und zum Festmachen lockerer Wege empfohlen. Auch den Backsteinen setzt man sie zu, und den Ruß schätzt man wenigstens als Düngemittel.

Glasscherben und zerbrochene Flaschen kommen wieder in die Glasfabrik, werden von neuem geschmolzen und zu Geschirren geformt. Nagelstückchen und alte Stahlschnitzel aus Nadelfabriken geben das Material zu den besten Büchsenläufen, und alte Blechgeschirre und Eisenstücken kehren teils zu den Schmelzhütten zurück, teils verwandelt sie der Chemiker. Es ist möglich, daß die Tinte, mit der wir schreiben, früher ein Teil eines eisernen Faßreifens war. Die beste Buchdruckerschwärze, welche Kupferstiche oder Buchstaben schwärzt, wird aus verbrannten Weinkernen und Traubenhülsen erhalten. Abschnitzel von verzinntem Eisenblech werden wieder in Zinn und Eisen zerlegt, alle Metallabfälle lassen sich verwerten; der Goldschläger verkauft sogar seine alten abgetragenen Arbeitskleider, und zwar nicht selten so teuer, daß er für sich den Erlös neue anschaffen kann. Sie werden dann verbrannt und die Goldteilchen, die sich in ihnen angehäuft haben, gesammelt. In neuester Zeit haben sich Vereine gebildet, welche sich die Abfälle aller Art aus den Haushaltungen erbitten und durch deren Verkauf die Mittel zu allerlei wohltätigen Zwecken beschaffen. Darum sammelt alle Abfälle sorgfältig!

13.

Die Schwalben.

„Als ich fortging, waren Kisten und Kasten schwer; als ich wiederkam, war alles leer!“ klingt das lustige Gezwitscher der **Rauchschwalbe**, des allgemeinen Lieblings.

Im September zog sie fort, und mancher beneidete sie in Gedanken um ihre schnellen Flügel, die sie in wenig Tagen nach dem warmen Süden tragen. Anfänglich geht die Reise westwärts, dann aber richtet sich der Flug nach Mittag — das Mittelmeer wird überflogen und drüben Afrika besucht. Während bei uns der kalte Wintersturm den Schnee zu Haufen jagt und die dürren Zweige des blätterlosen Waldes schüttelt — tummelt sich die Schwalbe um blühende Orangen und Jasmingesträuche, fängt Fliegen und Mücken von den Blumen der Palmen und der Aloe, von den goldenen Blütentrauben der Akazien und Mimosen. Wir gedenken dabei wohl, wie der muntere Vogel auf diese Weise allen Übeln entgeht, die uns der Winter bringt: Finsternis und Kälte, Krankheiten und trübe Stimmung; meist vergessen wir aber, daß auch dem kleinen Auswanderer in der Ferne und unterwegs ein Heer von Gefahren droht. Gar manches Vöglein unterliegt den Mühen des weiten Weges; dieses kommt um aus Mangel an Speise, jenes wird vom Wind ins Meer geschleudert; eines erfaßt ein Raubvogel, das andere fällt den Listen des Vogelstellers zum Opfer! Selbst wenn die Reise glücklich überstanden ist und uns die Schwalbe durch ihr Lied begrüßt, sind noch nicht alle Übel überwunden. Schon das Sprichwort sagt: eine Schwalbe macht keinen Sommer! es deutet noch an, daß manche wohl früher ankommt, als es für sie gut ist. Auf einzelne warme Frühlingstage, an denen solche Vorläufer des großen

Schwarmes eintreffen, folgt mitunter wieder kaltes unfreundliches Wetter. Es fehlen dann die Fliegen, die einzige Speise der Schwalben; wenn es letzteren nicht gelingt, schnell wärmere Gebiete zu erreichen, in denen sich Nahrung findet, sind sie verloren. Gewöhnlich kommen die Rauchschwalben während der ersten Hälfte des Aprils bei uns an.

Die Rauchschwalbe ist die schönste unter ihren bei uns vorkommenden Genossen, zugleich auch in ihren Sitten die angenehmste. Am Vorderkopf und an der Gurgel sieht sie braunrot aus, die Flügel sind schwarz, die ganze Oberseite ist schwarz mit stahlblauem und purpurnem Schimmer. Die Unterbrust und der Bauch sind weiß und schimmern etwas ins Rostrote. Schwingfedern und Schwanz sind schwarz. Der Schwanz ist tief gabelförmig geteilt und jede Feder (die beiden mittleren ausgenommen) hat auf der inneren Fahnenhälfte einen weißen Fleck. Die Füße sind unbefiedert und rötlichgrau. Das Schwalbenpaar, welches schon einmal bei uns sein Nestchen baute und Junge aufzog, sucht auch bei seiner Ankunft bestimmt den Bau vom vorigen Jahre wieder auf. Ist dieser noch irgend wie brauchbar, so wird ausgebessert; ward er währenddessen zerstört, so beginnt das Pärchen mit dem Bau eines neuen Nestes. Es wird dann nasse Erde gesucht und je ein Klümpchen derselben mit dem klebrigen zähen Speichel, den die Schwalbe um diese Zeit reichlich absondert, durchknetet. Ein kleiner runder Ballen wird an den andern geklebt und dem Ganzen die Gestalt einer Viertelhohlkugel gegeben. Der obere Rand ist fast wagerecht, nach der Anheftungsstelle hin etwas erhöht und verdickt. Die Rauchschwalbe baut gern in Stallungen und ähnliche Räumlichkeiten innerhalb der Gebäude, wählt aber auch hier eine Stelle, an welcher das Nest durch einen überragenden Balken u. dgl. von oben geschützt ist.

Außen erscheint das Nest zwar rauh und höckerig, innen ist es aber hübsch geglättet und wird überdies mit Haaren, Federn und ähnlichen weichen Dingen ausgefüttert. Das Weibchen legt im Mai dann 4 bis 6 Eier in das gut verwahrte Nest. Diese sehen weiß aus und sind braunrot punktiert. Das Weibchen besorgt das Ausbrüten allein. Unterdes wird ihm vom Männchen manche Fliege zugetragen, jedoch nur solange das Wetter schön ist; in solchem Falle schlüpfen die Jungen schon nach zwölf Tagen aus. Tritt regnerisches Wetter ein, so hat das Männchen genug zu tun, um seinen Hunger zu stillen. Das Weibchen muß dann die Eier zeitweise verlassen, um für sich selber zu sorgen, und

Schwalben auf dem Mückenfang.

das Brutgeschäft wird dadurch mitunter bis zum 17. Tage verzögert. Sperren die 4—6 Jungen hungrig die Schnäbel auf, so haben die Alten viel zu tun, um die kleinen Schreier zu befriedigen. Vom frühen Morgen bis zum späten Abend ziehen sie mit pfeilgeschwindem Fluge zur Fliegenjagd umher. Jetzt streifen sie an den blühenden Bäumen und Blumenbeeten entlang und schnappen die summenden Insekten weg, die dort dem Honig nachgehen (Bienen, Wespen und ähnliche mit Stachel versehene Kerbtiere frißt jedoch keine unserer Schwalben), dann ziehen sie dicht über den Spiegel des Teiches und fangen Mücken, ja sie tauchen ab und zu auch einmal mit dem Kopfe unter und erwischen ein Wassertierchen, das sich zu nahe an die Oberfläche wagte. Während des Fliegens baden sie sich auch, indem sie rasch einige Male ins Wasser eintauchen. Zu einer anderen Zeit erheben sie sich hoch über die Häuser, ja über die Türme der Stadt und verfolgen die Insektenschwärme, die dort oben ihre Tänze halten. Tritt Regenwetter ein, so suchen sie die Fliegen in ihren Schlupfwinkeln aufzustöbern; sie streifen dicht an den Mauern der Gebäude hin, ja sie scheuen sich nicht, in das Innere der Stallungen einzudringen, wenn sie hier reiche Beute merken. Ein andermal steigen sie aber auch gerade bei regnerischem Wetter sehr hoch. Schon nach 14 Tagen haben die Jungen so viel Kraft erhalten, daß sie aus dem Neste nach dem nächsten Dache flattern und sich dort sonnen können, und nach wiederum zwei Wochen begleiten sie als geschickte Flieger ihre Eltern auf ihren Spazierfahrten durch die Luft und üben sich im Fliegenfang. Können sie sich selbst ernähren, so beginnen gewöhnlich die Alten das Brutgeschäft von neuem. Die innere Ausfütterung des Nestes wird wieder zurecht gemacht und abermals mit Eiern ausgestattet, jedoch stets mit einer geringeren Zahl als das erste Mal. Ist freilich die Witterung naß und kühl, so kommt es vor, daß die zweite Brut verloren geht. Mitunter sterben die Kleinen schon, ehe sie die Schale des Eies gesprengt haben. Ebenso kommt es in nördlichen Gegenden vor, daß zeitig eintretendes kaltes Wetter die Alten zur Abreise zwingt, ehe die Jungen flügge sind. Letztere müssen dann elend verhungern.

So reinlich aber die alten Schwalben ihr Nestchen halten, so sorgsam sie allen Schmutz und Unrat zu entfernen suchen, so wenig gelingt es ihnen, sich von dem Ungeziefer zu befreien, das sie plagt. Sie, der Schrecken der fliegenden Insekten, können sich in ihrem eigenen Hause nicht gegen die kleinen Plagegeister erwehren. Noch gefährlicher werden für die Jungen Ratten und Mäuse, wenn diese zum Neste gelangen können. Bei dem Heer von Insektenplagen, mit welchem die Schwalben in ihrem eigenen Neste heimgesucht sind, möchten wir uns fast verwundern, wie der kleine Vogel überhaupt noch lustig und guter Dinge sein und auf schwankendem Stengelchen vor uns sitzend sein Lied so heiter zwitschern kann.

Außer der Rauchschwalbe, welche sich mit Vorliebe an Landhäusern ansiedelt, kommt noch die Haus- oder Mehlschwalbe bei uns vor. In größeren Städten ist sie sogar die häufigere. Sie ist etwas kleiner als die erstgenannte, auch einfacher gefärbt, auf der Oberseite des Körpers glänzend schwarz, unten am Bürzel rein weiß. Füße und Zehen sind dicht befiedert. Der Schwanz ist zwar gabelig eingeschnitten aber nicht sehr tief. Ihr Nest ist einer hohlen Halbkugel ähnlich und bis auf ein kleines Eingangsloch zugemauert. Gewöhnlich sind auch mehrere solcher Nester dicht bei einander. Die Eier sind rein weiß. Der Gesang dieser Schwalbe klingt nicht schön.

In Städten, in denen sich hohe Türme erheben, finden sich auch noch andere Verwandte der Hausschwalbe ein: die Mauerschwalben oder Turmsegler. Sie meiden die niederen Gebäude und legen ihre Brutplätze nur an den höchsten Stellen an. In Ritzen der Türme, zwischen Gesimsstücken hochragender Ruinen und an den Spitzen steiler hoher Felsen bauen sie ihr Nest. Dies ist nicht künstlich eingerichtet, wie jenes der Haus- und Rauchschwalbe, sondern besteht nur aus lose aufeinander geschichteten Strohhalmen, Haaren, Federn u. dgl., die aber mit dem klebrigen Speichel des Vogels zusammengeleimt werden. Diese Eigentümlichkeit unserer einheimischen Schwalben, den Speichel beim Bauen des Nestes zu benutzen, erinnert an die sogenannten eßbaren Vogelnester, welche eine Art Schwalben auf den ostindischen Inseln in Felsklüften fast gänzlich aus ihrem Schleim bauen.

Die Turmschwalbe hat einen verhältnismäßig kleinen Körper, erscheint aber viel größer durch die sehr langen Flügel, die sie zu einem reißend schnellen und äußerst gewandten Fluge befähigen. Sie sieht einfach braunschwarz aus und hat nur stellenweise einen metallischen, grünlichen Schimmer; an der Kehle ist ein großer rein weißer Fleck. Die Federn des tief zweispaltigen Schwanzes sind sehr hart und starr, die Füße bis zu den Zehen befiedert und nicht zum Gehen auf dem Boden befähigt, desto geschickter aber zum Anklammern an den Unebenheiten und Vorsprüngen steiler Wände. Ist eine Turmschwalbe durch irgend eine Veranlassung gezwungen worden, zur Erde herabzukommen, so benimmt sie sich hier höchst ungeschickt. Sie sucht sich mühsam nach irgend einer Erhöhung hinzuarbeiten und vermag nur schwierig vom flachen Boden aufzufliegen. Droben in ihrem hohen Reviere fühlt sich die Turmschwalbe desto heimischer und behaglicher; dort verbringt sie den größten Teil des Tages fliegend und legt Strecken zurück, die zusammengerechnet Hunderte von Meilen ausmachen. Sie gefällt sich darin, mit ihren Gefährtinnen um die höchsten Spitzen der Gebäude die wunderbarsten Wendungen und Schwenkungen auszuführen. Noch spät in der Dämmerung hört man ihr eigentümliches, lustiges Geschrei. Sie fängt im Fluge jene Insekten, die ebenfalls in ansehnlicheren Höhen ihre Tänze aufführen, und kommt nur dann tiefer herab, wenn stürmisches und regnerisches Wetter die Fliegen veranlaßt, sich am Boden aufzuhalten. Die weite Mundöffnung befähigt die Schwalben, während des Fliegens schnell und mit Leichtigkeit Insekten wegzuschnappen. Der Schnabel selbst ist nur kurz. In dem weiten Schlunde sammeln die Alten ansehnliche Mengen von Fliegen an und füttern mit denselben daheim ihre Jungen. Sie haben der letzteren zwei bis vier. Die Eier, aus denen sie ausschlüpfen, sind rein weiß, dabei aber durch ihre langgestreckte Gestalt von anderen Eiern kleinerer Vögel leicht zu unterscheiden.

Man war früher vielfach der Meinung, daß Turmschwalben, Haus- und Rauchschwalben im Herbst entweder sämtlich oder doch zum Teil bei uns blieben. Sie verkröchen sich, so meinte man, dann in Sümpfe, in die Ufer der Flüsse, versteckten sich im Schlamme oder in Höhlungen und verfielen gleich dem Murmeltier und den Fröschen in einen Winterschlaf. Es ist möglich, daß man im Herbst oder im Frühjahr einzelne Schwalben in erstarrtem Zustande gefunden hat; es waren dies dann solche, die dem ungünstigen Wetter erlagen, entweder Schwächlinge, die den davon eilenden Genossen nicht folgen konnten, oder Frühangekommene, die von schlechtem Wetter überrascht wurden. Ein Überwintern der Schwalben bei uns ist eine Unmöglichkeit. In neuerer Zeit hat man dagegen ihre Reisen ziemlich weit verfolgt und gefunden, daß die meisten von ihnen den Winter in Nordafrika zubringen. Die aus Westeuropa kommenden Schwärme ziehen bis zum Senegal hin, die aus den östlichen Teilen Europas besuchen den

Nil. Diejenigen Schwalben, welche höher im Gebirge oder im Norden wohnen, sammeln sich früher als diejenigen, welche in den Ebenen und Hügelgegenden nisten. Der Schwarm bricht mit dem ersten Tagesgrauen auf und zieht ununterbrochen weiter bis abends 3—4 Uhr. Ist es ein klarer frischer Morgen, so fliegen die Wanderer hoch oben in der Luft; bei trüber, schwüler oder gar regnerischer Witterung dagegen tiefer unten am Boden. Rauheres Wetter beschleunigt ihre Reise; nur Nordwestwind, der ihnen gerade in den Rücken bläst, zwingt sie zu gänzlichem Stillliegen. Durch Wind, der ihnen ins Gesicht weht, lassen sie sich nicht hindern. Es kommen nie nördlichere Schwalbenschwärme in einer südlicheren Gegend an, bevor nicht die hier wohnenden Vögel sich ebenfalls gesammelt haben oder bereits fort sind. Treffen zwei Wanderscharen zusammen, so vereinigen sie sich mit Zeichen lebhafter Freude. Nur solche Schwalbenpaare, die sich mit ihrer zweiten Brut verspätet und ihre Jungen noch nicht groß gefüttert haben, beachten die ankommenden und weiterziehenden Scharen nicht. Die letzteren bestehen mitunter aus mehreren Hunderten von Vögeln; sie wählen hohe Dächer zu ihren nächtlichen Ruheplätzen, benehmen sich aber hier sehr geschwätzig und unruhig. Oftmals bringt der Schrei einer einzelnen Schwalbe den ganzen Schwarm zum Auffliegen; er treibt sich eine Weile in der Luft umher und läßt sich dann an derselben Stelle nieder, um kurz danach dasselbe Spiel zu wiederholen.

Rauchschwalben.

Am Kap der guten Hoffnung, an der Südspitze Afrikas, kommen unsere Mauersegler ebenfalls vor, und sie treffen daselbst zu einer Zeit ein, die es möglich erscheinen läßt, daß unter ihnen dieselben Vögel sind, die bei uns fortgezogen. Wenn diese Vermutung richtig sein sollte, so scheint es, als ob die Mauersegler die Hitze der Tropenländer ebenso vermeiden wie unsere Winterkälte. Daß die Schwalben die Fähigkeit zu so ausgedehnten Reisen wirklich besitzen, dafür spricht nachstehende Mitteilung des Naturforschers Frauenfeld. Dieser sah auf St. Paul, einer abgelegenen Insel in der Südsee, einen Mauersegler. — Er sagt: es sei bei dem rauhen Winterklima jener Insel nicht möglich, daß der empfindliche Vogel auf derselben während des ganzen Jahres aushalten könne. Da aber das nächste Land Madagaskar, 3000 Kilometer von St. Paul entfernt ist, so ist jener Vogel gezwungen, den weiten Weg ohne Unterbrechung zurückzulegen und kann dies nicht ohne einen Flug von 34 bis 36 Stunden. Die Schwalben in Südamerika, z. B. in Valparaiso und Santiago, wandern ebenfalls; sie sammeln sich zum Abmarsch im April, aber über das letzte Ziel ihrer Reise weiß man ebensowenig wie über dasjenige unserer Schwalben.

Hausschwalben und Turmschwalben.

Bei uns werden alle Schwalbenarten von jedermann gern gesehen. Der Landmann liebt es, wenn sie ihr Nest an seine Wohnung bauen, und glaubt in manchen Gegenden, daß es seinem Wohlstand Gefahr bringe, wenn er sie störe oder gar töte. Die Völker des Südens dagegen sind nicht in gleicher Weise schonend gegen unsere Hausgenossen, und manches Vöglein fällt unter ihren Jagdkünsten, um verspeist zu werden. In Nordamerika schließt sich die Purpurschwalbe in ähnlicher Weise an die Wohnungen der Menschen an, wie bei uns die Rauchschwalbe. Ihren Namen erhielt sie von dem lebhaften Purpurglanz, den ihr sonst tiefschwarzblaues Gefieder zeigt. Man hängt für sie an Bäumen Brutkästen auf, die unseren Starkästen ähneln, auch wohl ausgehöhlte und mit einem Eingangsloch versehene Flaschenkürbisse.

Die Nordamerikaner beschützen die Purpurschwalbe ebenso sorgsam wie etwa die deutschen Landleute. Sie hegen den Aberglauben, daß infolge eines Schwalbenmordes die Kühe blutige Milch geben; ja schon davon, daß brütende Schwalbenpärchen gestört werden, sollen Kühen und Ziegen die Euter vertrocknet sein, oder es soll zur Strafe mindestens vier Wochen lang geregnet haben. Weiße Schwalben sind sehr selten, kommen aber doch auch vor. In Schlesien machte zur Zeit der Ankunft des Böhmenkönigs Ferdinand II. eine weiße Schwalbe viel von sich reden umd ward als gutes Zeichen ausgelegt. Im Gegensatz hierzu deutete man die weiße Schwalbe, die sich über dem Zelte des jüdischen Königs bei seinem Zuge gegen die Parther sehen ließ, als ein schlimmes Zeichen, da jener König in der nächsten Schlacht bereits erschlagen ward.

Für die Bewohner der Sundainseln, vorzüglich Javas, hat, wie schon vorher erwähnt, eine Schwalbenart besondere Wichtigkeit, jene Schwalbe nämlich, welche man Salanganschwalbe nennt und deren Nester als Delikatesse hauptsächlich von den Chinesen verzehrt werden. Das Vögelchen ähnelt an Größe und Gestalt der Hausschwalbe, hat jedoch eine mehr braune Färbung. Es hängt seine sonderbaren Nester, welche ungefähr eine Vierteleischale oder einem kleinen Kahn ähneln, im Schutz der überhängenden, vom Meere ausgewaschenen Uferfelsen auf und fertigt sie, wie man gegenwärtig allgemein annimmt, aus dem erhärteten Speichel, der sich zur Brütezeit in reichlicher Menge erzeugt. Das Einsammeln ist mitunter eine lebensgefährliche Arbeit, und die Güte des schleimig-gallertigen Gerichtes soll lediglich auf der Einbildung und auf der gewürzhaften Brühe beruhen.

14.
Der Blitzableiter.

Im Wohnhause wirken Tag und Nacht das ganze Jahr hindurch mancherlei Kräfte, die wir meistens gar nicht beachten, eben weil ihre Arbeiten ununterbrochen gleichmäßig fortgehen.

Die Schwerkraft der Erde zieht Wände und Decke, Gerätschaften und Hausbewohner fortwährend an; keiner merkt's, und nur wenn einer einmal die Treppe hinabstolpert, ein schlecht gestellter Schrank ein Bein verliert und seinen Inhalt an Gläsern und Tassen in das Zimmer schüttet, oder bei ähnlichen Vorkommnissen, wird man an die Gewalt erinnert, mit welcher Mutter Erde alle ihre Kinder zu sich heranzieht.

Die Wärme arbeitet unablässig am Hause, ohne daß es gerade auffällt; sie dehnt, wenn sie stärker wirkt, Mauern und Metall aus und läßt selbige bei Nacht und im Winter wieder zusammenschrumpfen. Ein Nagel, der anfänglich ganz fest in der Wand stak, wird dadurch allmählich lockerer und loser. Von den Angriffen, welche die Geister der Luft, d. h. die verschiedenen Luftarten der Atmosphäre, Sauerstoff, Kohlensäure usw., auf unser Eigentum unternehmen, wollen wir ganz absehen und dagegen ausschließlich unsere Aufmerksamkeit auf ein eng verbundenes Kraftpärchen richten, das wir gleich von vornherein als positive und negative Elektrizitäten bezeichnen, da sie einmal diesen Namen erhalten haben.

Die beiden Elektrizitäten wirken seit Jahrtausenden rings um und in den Menschen, und niemand hatte eine Ahnung davon. Vieles ist ja auch heutzutage an ihnen noch unerforscht, obschon man ihnen manches bereits abgelauscht hat.

Eine Stange Siegellack wird wohl jedem Kinde zur Hand sein. Reibe sie auf einem Stückchen Tuch oder auf einem Pelzfleckchen und halte sie über kleine Papierschnitzel, die auf dem Tische liegen! Siehe, die letzteren werden von der Siegellackstange angezogen und nach einer Weile wieder abgestoßen. Durch das Reiben wurden die beiden Elektrizitäten, die bisher im Siegellack wie in dem Wollenzeug und Pelz vereinigt waren, getrennt; die eine derselben häuft sich vorwiegend im Siegellack an und macht sich dadurch bemerklich, daß sie die Papierschnitzel anzieht. Nehmen wir statt der Siegellackstange ein Glasstäbchen und reiben es, so wird sich eine gleiche Erscheinung zeigen. Bedienen wir uns statt eines Glasstabes einer großen runden Scheibe und bringen an dieser ein besonderes Reibzeug an, an dem sie beim Drehen anstreicht, so haben wir schon eine förmliche Elektrisiermaschine. Die an solcher Glasscheibe erzeugte Elektrizität läßt sich mittels Metalldrähten aufsammeln und auf Flaschen füllen, die inwendig mit Metallblättchen ausgelegt sind. Durch mehrere solcher Flaschen, die man in Verbindung setzt, kann man elektrische Funken erzeugen, die mit einem Knall hervorspringen. Beim Reiben der Glasscheibe werden ebenfalls beide Elektrizitäten voneinander getrennt: die eine geht ins Metall über, die andere zieht sich durch das Reibzeug nach der Erde. Beide haben aber das lebhafteste Bestreben, sich zu vereinigen, und wenn ihnen die Gelegenheit dazu geboten wird, so tun sie solches entweder allmählich ohne besondere, äußerlich sichtbare Erscheinungen, wie dieser Fall zum Verdruß der Elektrisierenden bei nasser Luft gern eintritt, oder sie vereinigen sich plötzlich und bilden dabei den erwähnten Funken und Knall. Der Funke ist ein Blitz im Kleinen und der Knall der dazu gehörige Donner.

Die beiden Elektrizitäten sind in allen Dingen der Erde vorhanden, halten sich aber gewöhnlich gegenseitig so das Gleichgewicht, daß man sie ebensowenig merkt, wie die Belastung einer Wage, wenn solche in beiden Schalen gleich groß ist. Man erkennt ihre Gegenwart nur, wenn jenes Gleichgewicht zerstört, die beiden Elektrizitäten getrennt sind, und vorzugsweise dann, wenn sich beide plötzlich mit Geräusch und Lichterscheinung wiedervereinigen.

Manche Körper, wie z. B. die Metalle und das Wasser, leiten die erzeugte Elektrizität rasch weiter, sie sind gute Leiter; andere tun dies nicht oder höchst langsam und werden deshalb schlechte Leiter genannt.

Bei Gewitterbildung ist das Gleichgewicht der Elektrizitäten in den Wolken und in der Erde ebenfalls zerstört. Wodurch dies eigentlich geschieht, weiß man nicht bestimmt. Oft enthält die eine Wolke positive Elektrizität, eine andere negative. Beide ziehen sich gegenseitig an. Es kann auch bei ihnen der Fall eintreten, daß sie ihre verschiedennamigen Elektrizitäten ganz allmählich ausgleichen, noch häufiger aber geschieht eine solche Vereinigung derselben plötzlich, durch einen Blitz. Der Blitz ist ein großer elektrischer Funke. Der dabei stattfindende Knall, der von den verschiedenen Stellen in verschiedenen Zeiten zu unserem Ohr kommt und oft durch das Echo verstärkt wird, ist der Donner. Sehr viele Blitze gehen nur von Wolke zu Wolke und ebenso oft von unteren Wolken nach höher schwebenden, wie nach tiefer befindlichen oder seitwärts stehenden. Von ihnen hat kein Mensch etwas zu befürchten, desto mehr aber von jenen, die nach der Erde gehen. Durch letztere gleichen sich die Elektrizitäten der Wolken und der Erde aus. Die Wolken enthalten gewöhnlich positive, die Erde negative Elektrizität. Beide können ebenfalls sich ganz allmählich und ohne auffallende äußere Erscheinungen wiedervereinigen und bedienen sich dazu am liebsten guter Leiter, z. B. der Bäume, Felsenspitzen, Türme, hoher Hausgiebel, überhaupt spitzer Gegenstände, welche über die Erde emporragen. Mitunter zeigt sich bei solchem ruhigen Ausgleichen an den Spitzen der Gebäude hellstrahlendes Licht, das unter dem Namen St. Elmsfeuer bekannt ist. Eine solche ungefährliche Ausgleichung kann auch mitunter durch den menschlichen Körper stattfinden. Die Haare sträuben sich dabei in sonderbarer Weise empor und sprühen Lichtfunken aus, ohne daß der Betroffene dadurch irgendwie beschädigt wird. — Findet zwischen der Wolkenelektrizität und Erdelektrizität eine plötzliche Ausgleichung statt, so pflegen wir zu sagen: Der Blitz hat eingeschlagen.

Ist eine solche Ausgleichung durch Gegenstände geschehen, die sich dabei nicht entzünden, so nennt man solchen Blitz meist einen kaltenet Schlag. Die äußeren Erscheinungen, welche die Elektrizitäten bei einer solchen plötzlichen Ausgleichung, einem Blitzschlag, bieten, sind sehr mannigfaltiger Art.

Der Blitzableiter.

So schön das Schauspiel eines sich entladenden Gewitters mit seinen dunklen, sonderbaren Wolkenballen, seinen grellen Blitzen und dem Krachen des Donners ist, so hat es doch stets die Furcht der Menschen erweckt, da es nicht nur mit Hagel, Wasserfluten und Sturm oft das Eigentum des Menschen bedroht, sondern eben durch den Blitz sowohl das Haus als auch das eigene Leben gefährdete. Man sah voll Bangigkeit jedem neuen Blitze entgegen und suchte in der Angst nach allen möglichen abergläubischen Mitteln, um ihn vom eigenen Haupte abzulenken. Da wies der Amerikaner Franklin nach, daß der Blitz nichts anderes sei als eine Ausgleichung der Elektrizitäten in Wolke und Erde. Ja, er leitete geradezu die Elektrizität aus einer Gewitterwolke dadurch zur Erde hernieder, daß er einen Papierdrachen, wie ihn die Kinder sich fertigen, bis in die tiefstehende Wolke steigen ließ. Da sich nun die Elektrizität der Wolke in dem nassen Bindfaden des Drachens bis zur Erde herabzog, so erkannte Franklin, daß man durch geeignete Leiter den Blitz ebenso gut beherrschen könne wie den Funken einer Elektrisiermaschine. Ein solcher Leiter der Elektrizitäten für das Haus ist der Blitzableiter.

Man hat zwar auch aus Stroh Blitzableiter angefertigt, macht aber selbige gewöhnlich besser aus Kupfer oder Eisen.

Kupfer leitet die Elektrizität besser als Eisen. Man braucht nicht so starke Leitungsstangen von ihm zu nehmen, sondern kann es als etwa 5 cm breite, 2 mm dicke Blechstreifen verwenden, es ist aber viel teurer, und deshalb wird in den meisten Fällen Eisen in Stangenform benutzt. Am besten sind zylindrisch runde Leitungsstangen, anders gestaltete müssen wenigstens abgerundete Kanten haben. Zu dünne Stangen schmelzen leicht; sie dürfen nicht wohl weniger als $1^1/_4$ bis $^3/_4$ cm im Durchmesser halten. Je länger die Leitung, desto stärker muß auch die Stange sein. Beim Blitzableiter sind dreierlei Hauptstücke zu unterscheiden: die Auffangestange, die Leitung und die Ableitung. Die eisernen Auffangestangen werden an ihrer oberen Spitze mitunter mit einer Kupferhülse versehen und vergoldet, manche haben auch eine Spitze aus Platina. Gewöhnlich rechnet man, daß eine Auffangestange für einen Kreis von 15—20 m im Durchmesser als Schutz ausreiche, d. h. doppelt so weit in wagerechter Richtung, als ihre Höhe beträgt. Ist ein Gebäude länger, so ist es besser, lieber mehrere kleine Stangen auf ihm anzubringen, als eine sehr hohe. Die Leitungsstangen laufen von der Auffangestange auf dem Giebel des Gebäudes entlang und von da hinab nach der Erde. Ist z. B. ein Haus gänzlich mit Metall gedeckt, so genügt es schon, wenn letzteres mit der Erde in Verbindung gesetzt wird. Die Leitungsstangen werden durch eiserne Träger festgehalten. Bei letzteren sowohl wie bei der Auffangestange muß darauf gesehen werden, daß die Stellen, an welchen sie im Holzwerk des Daches befestigt sind, durch Metallscheiben gegen das Eindringen des Wassers gut geschützt sind. Von größter Wichtigkeit ist es aber, daß alle Teile der letzteren in innigem Verbande untereinander stehen und daß der Rost nicht überhand nimmt. Um letzteren abzuhalten, erhält das Eisen einen schützenden Anstrich.

Befinden sich jedoch in einem Gebäude große Metallmassen, wie z. B. in Brauereien, so ist es nötig, daß sowohl die Leitung als auch die Ableitung mit jenen großen Metallgegenständen in Verbindung gesetzt wird.

Das untere Ende des Blitzableiters muß bis zu den immerwährend feuchten Erdschichten geleitet werden. Ist ein Brunnen in der Nähe, so wählt man diesen als Endpunkt und nimmt, um das Rosten zu verhüten, als Endstück der Leitung einen Kupferstreifen.

Der Blitzableiter wirkt nur auf Wolken, welche in seine Nähe kommen. Ist eine Gewitterwolke nahe genug, so kann der Blitzableiter auf verschiedene Weise wirken. Er kann die Elektrizitäten der Wolken und der Erde ganz allmählich ausgleichen, so daß es zu keinem Blitzschlag kommt. Man hat versuchsweise in Blitzableitern kleine Unterbrechungen gelassen und gesehen, daß in diesen Lücken während des Gewitters ununterbrochen lebhafte Funken mit knisterndem Geräusche übersprangen. Ebenso hat man bei Nacht die Elektrizität aus der Auffangespitze in Form eines Lichtbüschels ausströmen gesehen.

Der Blitzableiter kann aber auch eine plötzliche Ausgleichung der Elektrizitäten, einen Blitz, in solcher Weise vermitteln, daß weder dem Hause, noch dessen Bewohnern ein Leid geschieht, und zwar kann ebenso gut die Elektrizität der Wolke nach der Erde, wie jene der Erde nach der Wolke hingeleitet werden, obschon ersteres am häufigsten vorkommt.

So ist der Blitzableiter zum Schutzpatron des Hauses geworden, der die Furcht von dem Haupte des Menschen genommen. Der Bewohner eines so geschützten Hauses wird zwar bei heftigem Gewitter es auch vermeiden, dem eisernen Ofen oder der äußeren Hausmauer zu nahe sich aufzuhalten, und lieber mehr in der Mitte des Zimmers verweilen; er braucht aber weder für seine Wohnung noch für sein Leben mehr zu zittern, sobald eine dunkle Wolke am Horizont auftaucht.

James Watt treibt als Knabe Küchenstudien.

15.

In Küche und Speisekammer.

Eine der liebsten Entdeckungsreisen, welche das Kind im Wohnhause unternimmt, ist die in Küche und Speisekammer. Hier erhält es Trost für den hungrigen Magen, gelegentlich auch wohl etwas Leckeres für den lüsternen Mund, und sei es auch nur eine getrocknete Pflaume oder Birne.

Die Küche mit ihrem Ofen, ihren Hackmessern, Quirlen und Reibeisen ist der Vormund fürs ganze Haus. Wie der Mund die Speisen zerkleinert und für den Magen vorbereitet, so tut es die Küche auf die mannigfachste Art wieder für den Mund und nimmt dabei die verschiedensten Mittel in Anspruch. Feuer und Wasser treten in den Dienst der Köchin; außer den mechanischen Vorgängen des

Zerkleinerns, Hackens, Reibens usw. werden auch vielfältige chemische Prozesse eingeleitet und ausgeführt, und wenn auch die Köchin gewöhnlich keine Vorlesungen über Küchenchemie gehört hat, so führt sie in Wirklichkeit doch nach Angabe ihres Kochbuches fortwährend die künstlichsten und verwickeltsten Experimente aus, die in vielen Fällen noch kein Professor aufgeklärt hat. Sie macht durch Kochen und Braten, Schmoren und Backen die Nahrungsmittel schmackhaft für unseren Magen. Zu denselben Zwecken mischt sie dieselben auf die verschiedenste Weise und versetzt sie mit Salz und Gewürz.

Das Feuer, der treue Beistand der Köchin, ist von uns bereits im Stubenofen (s. „Entdeckungen in der Wohnstube") betrachtet worden. Den Gehalt des Wassers an mineralischen und anderen Stoffen lernten wir ebenfalls schon kennen; dagegen werden wir in der Küche auf das Kochen des Wassers aufmerksam gemacht, als auf einen Vorgang, mit welchem die meisten Künste der Köchin unzertrennlich verknüpft sind.

Wir sehen, daß der Topf, in welchem das Wasser zum Kochen gebracht werden soll, beim Zusetzen nicht bis an den Rand gefüllt wird. „Warum nicht?" fragen wir. Die Antwort lautet: „Weil das Wasser sonst überläuft!" Je heißer das Wasser wird, desto mehr braucht es Raum, desto mehr dehnt es sich aus. Am Boden des Gefäßes wird es am heißesten. Hier verwandelt sich das flüssige Wasser in luftförmigen Dampf, der in Gestalt kleiner Bläschen aufsteigt. Sind die oberen Wasserschichten im Topf noch weniger heiß, so werden die aufsteigenden Wasserbläschen abgekühlt und sinken zusammen. Hierbei entsteht jenes Geräusch, von welchem die Köchin sagt: „Das Wasser singt!" Sind die oberen Wassermassen ebenfalls hinlänglich erhitzt, so findet auch in ihnen Dampfbildung statt; das Wasser wird stellenweise durch den emporsteigenden Dampf gehoben und schlägt an seiner Oberfläche Wellen, es kocht. Dampfwolken steigen auf und steigen entweder ins Freie oder setzen sich an Topfdeckel, Ofentür oder wo sie sonst Gelegenheit finden. Sie werden dann an den kühleren Gegenständen wieder zu Tropfen flüssigen Wassers, das jetzt aber keine mineralischen Bestandteile mehr enthält.

Liegt der Deckel auf dem Topfe mit kochendem Wasser nicht fest auf, so drängt sich der Dampf auf einer Seite desselben hindurch und macht ebenfalls Musik. Das Gleiche geschieht, wenn der Topf nicht fest aufsteht oder in dem Wasser festere Körper schwimmen, z. B. gemahlener Kaffee.

Als die Köchin noch Hausmädchen und in der Naturlehre der Küche noch weniger erfahren war, hatte sie im Winter die Wärmflasche auf den Ofen gestellt, ohne den Kork abzuziehen. Der Dampf, welcher sich schließlich in derselben entwickelte, hatte die Flasche mit gewaltigem Knall zersprengt. Bei dieser Gelegenheit hätte die Köchin beinahe die Dampfmaschine erfinden können, wenn dieselbe nicht bereits von James Watt (s. das Anfangsbild dieses Abschnittes) am Teekessel erfunden worden wäre.

Ist Wasser mit Fett vermischt oder von einer Fettschicht überdeckt, so wird es viel heißer als gewöhnlich. Verwandelt es sich endlich in Dampf und findet keinen Ausweg, so zeigt es kräftigere Wirkungen als sonst. Kommt ein Tröpfchen Wasser in den Schaffen (Tiegel) mit siedendem Fett, so entsteht ein heilloser Lärm. Es zischt und sprudelt, und die Wasserdämpfe schleudern zahllose kleine, siedend heiße Fetttröpfchen nach allen Seiten umher.

Eine in der Küche häufig vorkommende Erscheinung ist das Überlaufen und Anbrennen der im Topfe befindlichen Speisen. Für den Chemiker und Physiker bieten sich hierbei ebensoviel interessante Seiten zu Untersuchungen, wie für alle anderen Leute im Hause und bei Tische unangenehme. Wir wollen uns nicht in die vielfachen chemischen Vorgänge vertiefen, die hierbei sowie beim Kochen, Backen und Braten überhaupt vorkommen, sondern uns damit begnügen, daß uns die Köchin eine besondere Eigentümlichkeit der Holzkohle kennen lehrt. Das Holz ist der Köchin liebstes Brennmaterial, allein es kann ihr auch durch die schnelle flüchtige Glut, die es entwickelt, Schrecken genug einflößen. Wenn auch nicht sofort der Glanzruß im Ofenrohr und im Schornstein in Flammen gerät, so kann Brandunglück doch leicht, wie gesagt, durch Anbrennen der Speisen herbeigeführt werden. Es mischen sich hierbei übelschmeckende und übelriechende Stoffe unter die Speisen, die sich aus den an der Wand des Geschirres haftenden und verbrennenden Stoffen entwickelten. Die Köchin weiß sich zu helfen. Mit demselben brennenden Holzstück, das ihr die Suppe verdorben, fährt sie kühn mitten hinein in dieselbe, und die Holzkohle zieht sofort die unangenehmen brenzlichen Stoffe an sich, und die Speise wird wenigstens leidlich.

Von den Gewürzen baute vor alters jede Hausfrau in ihrem Küchengarten selbst das Nötigste: Petersilie und Zwiebeln, Schnittlauch und Kerbel, Salbei, Thymian, Dill, Fenchel u. dgl. Seit lange versorgt aber der Kaufmann die Küche mit viel kräftigeren Stoffen, die unter der Glut der Tropensonne gewachsen sind. Eine Musterung des Gewürzkastens lehrt uns gar mancherlei Interessantes kennen, und wir könnten manches Stündchen hier an den stark duftenden Gläsern und Schachteln verweilen, wollten wir uns über die Eigentümlichkeiten der Gewächse, von denen diese Gewürze stammen, von ihrer Pflege, von ihrer Geschichte und von ihrer Bedeutung für den Handel, für die Staatskasse und für unseren Magen erschöpfend unterrichten. Abbildungen von den Blüten und Fruchtzweigen einiger der wichtigsten Gewürzpflanzen haben wir in dem Anfangsbilde dieser Seite zusammengestellt. Fig. 1 ist ein Zweig des Lorbeers (Laurus nobilis), mit welchem man ehedem Dichter, Sänger und Helden, in der Küche dagegen Rinderbraten usw. bekränzt. Er wächst in den südlichen Ländern Europas wild in Gemeinschaft mit Thymian, Salbei, Majoran, Zitronen und Oliven. Fig. 2 ist ein Zweig vom Zimtbaum (Cinnamomum ceylanicum), der auf der Insel Ceylon im Süden Asiens in großen Pflanzungen gebaut wird. Seine Rinde liefert die feinste Sorte Zimt; eine geringere, wohlfeilere, deshalb aber viel gewöhnlicher in den Küchen zu findende Sorte kommt von der Kassie (Persea Cassia), von welcher Fig. 3 ein Zweiglein zeigt. Alle drei Pflanzen gehören derselben Familie, den Lorbeergewächsen, an. Fig. 4 ist ein blühender Zweig des Muskatnußbaumes (Myristica fragrans), der auf den Molukken gepflegt wird; Fig. 5 ist ein Stück einer Pfefferrebe (Piper nigrum), die den schwarzen beißenden Pfeffer liefert, und Fig. 6 ein Zweig vom Gewürznelkenbaum (Caryophyllus aromaticus), dessen Blütenknospen von den Molukken als Gewürz zu uns gebracht werden. Im Gewürzkasten der Küche liegen außerdem noch Körner vom Nelkenpfeffer (Myrtus pimenta) aus Westindien, Samen vom Kardamom (Alpinia Cardamomum) aus Südasien, Paradieskörner (Amomum granum paradisi) von der Westküste Afrikas, Vanilleschoten aus Mexiko, Ingwerwurzeln von Java und noch mancherlei Ähnliches, obschon es für unseren Magen und unsere Gesundheit sehr nötig ist, gerade an dieses duftende Schatzkästlein der Küche den Weisheitsspruch des Solon zu schreiben: „Maß zu halten ist gut!"

Küche und Speisekammer arbeiten einander gegenseitig in die Hände. Letztere liefert der ersteren die Vorräte, und diese bereitet in vielen Fällen wiederum die Speisen so zu, daß sie in der Vorratskammer oder im Keller längere Zeit hindurch aufbewahrt werden können. Fleischwaren, saftige Früchte und andere Pflanzenteile gehen bei warmer Luft bald in Gärung über, die das Verderben derselben herbeiführt. Tüchtiges Aufkochen der Pflanzenstoffe wehrt in vielen Fällen schon dem Verderben. Die äußere Luft sucht man soviel wie möglich abzuhalten und verbindet die Gläser, in denen sich eingesottene Früchte und Gemüse befinden, dicht mit Blase. In neuerer Zeit füllt man Gemüse, die auf lange Zeit aufbewahrt werden sollen, in Blechbüchsen und lötet dieselben schließlich gänzlich luftdicht zu. So bleiben sie jahrelang unverdorben. Das Fleisch sucht man durch Einsalzen und Räuchern vor der Fäulnis zu behüten: früher, als man ausschließlich noch Holz brannte, räucherte jede Hausfrau Schinken und Würste im eignen Schornstein, gegenwärtig besorgen dies Leute in besonderen Räucherkammern. Beim Räuchern wird das Fleisch teilweise getrocknet, teils aber auch von Holzessig und ähnlichen Stoffen durchdrungen, welche fäulniswidrig wirken und die sich aus dem Holzrauche niederschlagen. Da aber z. B. der Holzessig der Gesundheit schädlich ist tut, man besser, denselben nicht zu gebrauchen.

Die winzigen Fortpflanzungszellen der Schimmelpilze, die durch die Luft weitergetragen werden, mögen einen guten Teil schuld an der Gärung und dem Verderben von Fruchtsäften u. dgl. tragen; durch das Kochen werden alle solche Keime getötet, die etwa bereits hineingelangt sind; durch das Kochen sterben ebenfalls alle Würmer, die, dem unbewaffneten Auge unsichtbar, im Fleische der Tiere vorhanden sein könnten und sich ohne Einwirkung der Hitze in unserem Körper zu Eingeweidewürmern ausbilden würden. In neueren Zeiten hat man auch die Kälte mit zu Hilfe genommen, um gewisse Speisevorräte vor dem Verderben zu schützen. In großen Städten gibt es genugsam Eiskeller, in denen von einem Winter zum andern Eisvorräte aufbewahrt werden. Dort hat man auch in vielen Haushaltungen besondere Eisschränke eingerichtet. Diese werden täglich mit frischem Eise versehen und nehmen solche Speisen auf, welche in der Sommerhitze ohne diese Vorsicht leicht in Gärung oder Fäulnis übergehen.

Trotz aller Vorsicht und Aufmerksamkeit der Hausfrau versuchen doch mitunter, außer der naschhaften Katze und den lüsternen Mäuschen, auch Insekten den Eintritt in Küche und Speisekammer zu erzwingen.

Stubenfliegen sitzen an dem Türgewände bereits auf der Lauer und schlüpfen sofort hinein, sobald geöffnet wird. Sie werden begleitet von zwei ihrer Genossen, von der blauen Fleisch- oder Schmeißfliege (Musca vomitoria) und von der grauen Fleischfliege (Musca carnaria). Die erste hat einen glänzend-blauen, metallisch schimmernden Hinterleib; bei der letzteren ist dieser Körperteil schwarz gewürfelt. Die Schmeißfliege fällt sofort durch ihre Größe und ihr starkes Summen auf. Sie wird besonders durch Fleisch angelockt und legt ihre Eier an dasselbe. Man schützt es dadurch vor ihr, daß man Kästen aus feiner Gaze oder Drahtnetz darüber deckt. Die Oberseite derselben macht man aber am besten dicht, denn die Fliege läßt, wenn sie verhindert wird, selbst ans Fleisch zu kommen, ihre Eier von oben herab auf dasselbe durch die Gaze fallen. Die Eier sind schwach gekrümmt und nach den Enden zu etwas verschmälert. Sie ähneln dadurch etwas einer kleinen Gurke und zeigen an der eingebogenen Seite eine Längsleiste, in welcher sich die Schale beim Ausschlüpfen der Made öffnet. Eine Schmeißfliege legt deren gegen 200 Stück und zwar gewöhnlich in Häufchen von 20—100. Nach ungefähr

24 Stunden schlüpfen die Maden bereits aus. Sie sind weiß von Farbe, kegelförmig gestaltet und hinten etwas abgestutzt. Als Freßwerkzeug besitzen sie im Munde zwei gleichgeformte, deutlich voneinander getrennte Haken. Trotzdem, daß sie keine Augen haben, sind sie doch sehr lichtscheu und wühlen sich möglichst schnell in die Nahrung ein. Der Unrat, welchen sie aussondern, beschleunigt die Fäulnis des Fleisches außerordentlich. Sie wachsen erstaunlich schnell. Ein genauer Beobachter fand, daß sie bereits am zweiten Tage doppelt so schwer waren, als am ersten. Trotzdem wogen ihrer 30 zusammen nur 1 Gran. Am dritten Tage wog aber jede einzelne bereits 7 Gran, war also binnen 24 Stunden 200 mal schwerer geworden.

Die graue Fleischfliege kommt in den Gebäuden verhältnismäßig weniger vor als die beschriebene blaue Art. Das Männchen derselben ist oft nicht viel größer als eine Stubenfliege, das Weibchen hat eine ansehnliche Größe. Das Gesicht ist bei ihr blaßgelb, die Stirn mit einer schwarzen Strieme versehen. Der Rücken ist lichtgrau mit schwarzen Striemen gezeichnet. Der Hinterleib schillert braun, schwarz und gelb und ist gewürfelt. Die graue Fleischfliege weicht von der blauen eigentümlicherweise auch dadurch ab, daß die Maden bereits im Leibe der Fliege aus den Eiern schlüpfen und deshalb lebendig geboren werden. Ein Naturforscher hat berechnet, es sei möglich, daß ein einziges Weibchen dieser Fliegenart während seines Lebens gegen 20000 lebendige Maden hervorbringen könnte. Wenn aber auch nur die Hälfte jener Zahl erreicht würde, so wären dies noch immer ganz erstaunlich viel. Die Maden haben binnen acht Tagen ihre volle Größe erreicht, puppen sich ein und kommen nach 4—8 Wochen als fertige Fliegen zum Vorschein.

Den Fliegen schließen sich im Sommer gern die Wespen an, wo es Fleisch oder süße Speisen zu schmausen gibt. Sie sind wegen ihres giftgefüllten Stachels viel unangenehmer als jene. Außer Schaben und mehreren Käferarten, die wir bereits im Wohnzimmer kennen lernten, treffen wir mitunter in der Küche und Speisekammer noch den Küchenkäfer (Tenebrio culinaris) an, einen kleinen Verwandten des Mehlkäfers, der rostrot und auf den Flügeldecken gestreift gekerbt ist. Er greift gern Speck und Fleischwaren an und findet am eigentlichen Speckkäfer (Dermestes ladarius) (s. Abbild. „Wohnstube“

S. 223) sowie an einem mattschwarz aussehenden Glanzkäfer (Nitidula bipustulata) Genossen der gleichen Liebhaberei.

Letzterer ist leicht daran erkenntlich, daß sich auf der Mitte jeder Flügeldecke ein großer roter Punkt befindet. Sein Rücken ist braun, die Beine sehen rostrot aus.

In einer gutgepflegten Küche und Speisekammer werden so wenig wie möglich Gäste aus der Tierwelt gelitten. Während des Sommers schützt man die Fenster durch Gazevorsetzer. So wenig man dem Kätzchen den Zutritt in die Speisekammer und Küche erlaubt, so wenig ist es auch den Kindern und gewöhnlich nur an der Hand der Mutter gestattet, hier auf Entdeckungsreisen auszugehen. Die mancherlei angenehm duftenden Vorräte möchten die kleinen Wißbegierigen ebenso leicht in Versuchung führen, wie ihnen das Feuer des Küchenofens Schaden bringen könnte.

Gradierwerk.

16.

Das Kochsalz.

Es gehört zu vielerlei Dingen in der Welt ein Körnchen Salz — am nötigsten aber zunächst an alle jene Herrlichkeiten, welche in der Küche bereitet werden. Ein solches Salzkörnchen ist nun zwar ein kleines Ding, das bei uns oft wenig geachtet wird, allein es wird gar hoch geschätzt von den Völkern, denen es als eine Seltenheit gilt und für die es zu schwer zu erlangen ist. So gelten Salzstücke im Innern Afrikas als Scheidemünze und werden dort beinahe mit ebensoviel Talern bezahlt, wie bei uns mit Pfennigen.

Im Innern Asiens haben umgekehrt wieder viele Völker einen wahren Überfluß an Salz, viel mehr, als ihnen lieb ist. Der Boden weiter Steppenländer ist dort so mit Salzteilen durchdrungen, daß jeder Quell und Bach, der darin entsteht, nach Salz schmeckt, und alle zahlreichen Seen und Sümpfe dieser Gebiete Salzwasser enthalten. Bei jedem Regen und im Frühjahr bei der Schneeschmelze wird jenen Steppenseen durch ihre Zuflüsse neues Salz zugeführt. Wenn im

Sommer das Wasser verdunstet, bleibt ringsum an den flachen Ufern das Salz als weiße dicke Kruste zurück, oder es setzt sich in starken Schichten auf dem Boden der Seen ab. Jedes Jahr legt sich eine neue Schicht auf die früheren, und zuletzt bildet sich ein starkes Lager von Steinsalz im See. Mit den Salzschichten wechseln freilich auch Lager aus Erde, Sand und Ton, welche die Gewässer mit herzugeschwemmt haben. Wenn sich die Bodenverhältnisse eines Landes ändern, so daß nachmals die Gewässer nach anderen Richtungen hin abfließen, so wird ein solches Salzlager trocken gelegt und stellt dann ein Lager von Steinsalz dar, wie solche auch hierzulande vorkommen. Nur in wenigen Fällen ist das Steinsalz so rein, daß man es ohne weiteres als Gewürz an die Speisen brauchen kann; meistens ist es durch Erde, Sand und Pflanzenteile verunreinigt. In unserem Vaterlande gibt es zahlreiche Lager von Steinsalz, tief in dem Boden verborgen. Sie sind wahrscheinlich in uralten Zeiten auch aus Salzseen entstanden. Später wurden sie bei Veränderungen des Landes mit Erdlagen bedeckt, die nicht selten bergehoch auf ihnen liegen. Die Regenwasser dringen in die Tiefen zu den Steinsalzlagern, fließen über dieselben und lösen etwas vom Salze derselben auf. Sie kommen als Salzquellen wieder zum Vorschein. Sehr häufig werden die unterirdischen Salzlager von Gipsgesteinen überlagert. Ist ein solches Salzlager zuletzt durch Quellwasser vollständig aufgelöst und weggeführt worden, so bleiben in den Gipsgebirgen die leeren Räume als Höhlen zurück, wie man sie vielfach aufgefunden hat. Mitunter bricht auch wohl die Decke einer solchen Höhle zusammen. Es entstehen dann Erdfälle, Trichter und Bodensenkungen. Dergleichen Einstürze sind meist von Erdstößen und Erschütterungen, also von kleinen Erdbeben begleitet. Wird das ausquellende Salzwasser (Sole) so lange erhitzt, bis es völlig verdunstet ist, so bleibt im Gefäß Kochsalz zurück. Viele Salzquellen enthalten nur eine mäßige Menge Salz aufgelöst; man leitet das Wasser auf hohe Gradierwerke, auf Wände aus Schlehdorn. Von diesen fällt es tropfenweise ab, und eine ansehnliche Menge Wasser verdunstet hierbei. Zugleich setzt sich an den Dornenzweigen auch Gips ab, der ebenfalls in dem Salzwasser enthalten ist. Die Sole sammelt sich wieder unten am Gradierwerke in Gefäßen und enthält dann verhältnismäßig viel mehr Salz als vordem.

In neuerer Zeit hat man auch in mehreren Salzwerken Bohrlöcher oder Schachte bis auf die Steinsalzlager in der Tiefe hergestellt, leitet das Wasser des Salzquells in dieselben und läßt es darin so lange verbleiben, als es überhaupt noch Salz auflösen kann. Von hier aus wird dann diese gesättigte Sole nach den Siedehäusern geleitet und in großen Pfannen, die ganze Säle ausfüllen, verdampft, bis alles Wasser verflogen ist. Das zurückbleibende Salz wird umgerührt, damit es nicht zu große Stücke bildet, dann getrocknet und nach allen Ortschaften des Landes versendet. In dem Salzlager bei Staßfurt liegt das Salz mehr als 300 m tief unter der Erdoberfläche so rein und trocken, daß man es wie ein anderes Gestein bergmännisch gewinnen kann. Der Salzstock selbst hat dort eine Dicke von 200 m und seine Ausdehnung in wagerechter Richtung ist so bedeutend, daß man sein Ende noch nicht kennt. Man vermutet, daß das Salzlager mehrere Geviertmeilen bedeckt. Die Salzschichten sind daselbst meistens von sehr feinen Gipsplättchen durchzogen, deshalb etwas unrein. Man verwendet sie jedoch ohne weiteres zu Viehsalz, Düngesalz, sowie zu gewerblichen Zwecken. Stellenweise kommen aber auch große Blöcke des reinsten Kochsalzes vor, die sich würfelartig spalten lassen und klar wie Eis oder Glas aussehen. In jenem Salzbergwerk arbeitet man das Salz mit der Haue los und sprengt es in großen Stücken durch Schießpulver ab, wie sonst andere Gesteine. Man zerkleinert es dann in besonderen Mühlen und benutzt das ganz reine Salz für Küche und Tafel. Es ist so fein wie Weizenmehl und sieht auch schön weiß aus wie dieses. Im Geschmack ist es viel kräftiger salzig als jenes Kochsalz, das in den Siedewerken aus dem Salzwasser gewonnen worden ist, enthält auch keine anderen Salzarten beigemischt, wie es bei letzterem gewöhnlich mehr oder weniger der Fall ist.

An den Seeküsten bereitet man Kochsalz aus dem Meerwasser. Man leitet das letztere in große flache Teile, ausgestochene offene Behälter von ansehnlichem Umfange, die mit Dämmen umgeben und in viele kleine Abteilungen getrennt sind. In letzteren gefriert das Wasser im Winter aus und im Sommer verdunstet es; das Salz bleibt zurück und wird gesammelt. Dieses Seesalz dient allgemein zum Einsalzen der Seefische, welche man versendet, sowie man im Binnenlande das Salinensalz zum Einsalzen von Fleisch und Gemüsen verwendet.

Unser gewöhnliches Kochsalz besteht aus zwei höchst verschiedenartigen Stoffen, die sich innig miteinander vereinigt haben. Der eine derselben ist ein sogenanntes leichtes Metall, das Natrium, das sich nur schwierig in reinem Zustande herstellen und ebenso schwierig in demselben erhalten läßt. Es sieht glänzend silberweiß aus und ist so leicht, daß es auf dem Wasser schwimmt. In der Natur wird es nie in reinem metallischen Zustande gefunden, sondern stets in Verbindung mit anderen Stoffen. Der andere Bestandteil des Kochsalzes ist eine gelbgrüne Luftart, das Chlor, das einen erstickenden Geruch hat und giftig wirkt. Jeder der beiden Stoffe allein ist für Menschen und Tiere ungenießbar, ja tödlich, beide aber zu Kochsalz vereinigt werden zu einer Wohltat.

Die Salzkörnchen enthalten außerdem noch eine bestimmte Menge von Wasser. Letzteres ist ihnen insbesondere nötig, wenn sie die regelmäßig vierseitige Gestalt annehmen, in der sie gewöhnlich vorkommen. Sie bilden meistens kleine hohle, vierseitige Pyramiden und ähneln vierkantigen, stufenförmigen Trichtern. Reines Steinsalz in größeren Stücken formt sich zu regelmäßigen Würfeln. Legt man Kochsalzkristalle auf die heiße Platte des Ofens, so knistern sie. Das Wasser entweicht aus ihnen und die regelmäßigen Kristallkörner zerfallen zu feinem Pulver.

Für den Körper des Menschen und der Tiere ist das Kochsalz ein Bedürfnis. Es dient in demselben dazu, bestimmte Nahrungsstoffe aufzulösen, und bildet einen wichtigen Bestandteil des Blutes und der meisten anderen Körperteile. Auch viele Gewächse saugen Salz aus dem Boden; die einen mehr, die anderen weniger.

Selten wird eine Speise aus der Küche hervorgehen, zu welcher nicht Salz als Würze gefügt worden ist. Außerdem dient Salz aber auch in zahllosen anderen Fällen. Der Landmann streut es als Düngemittel auf seine Felder und mengt es dem Vieh an das Futter, damit es lebhafter fresse und kräftiger werde. Salz wird nicht nur vom Arzt in manchen Fällen dem Kranken verordnet, sondern vom Hausvater auch dem kranken Brunnen, dessen Wasser schlecht geworden ist. Man löst eine größere Menge Salz im Brunnen auf, pumpt dann das sämtliche Wasser heraus und reinigt dadurch den Brunnen. Die im Brunnenwasser befindlichen niederen Pflanzen (Algen) und Tiere, welche es verunreinigen, werden durch das Salz zum Absterben gebracht und entfernt.

Die Obstmade und der Zweigabstecher.

17.

Insektenjagd im Garten.

Bei unserem Jagdzuge in der Wohnstube waren wir vielleicht so glücklich, gänzlich ohne Beute zu bleiben. Weder Motten, Käfer, Silberfischchen, Mücken noch sonstiges Geziefer und Ungeziefer war aufzustöbern. Wir mußten uns begnügen, davon zu lesen, daß es in fremden Ländern oder wenigstens in fremden Häusern dergleichen zuweilen geben soll! Um so sicherer können wir in Hof und Garten auf einträgliche Jagdbeute rechnen, sobald wir hier nur scharf genug aufmerken wollen. Tun wir dies, so erwerben wir uns durch unsere Liebhaberei gleichzeitig einen hübschen Anfang der Insektenkunde, anderseits machen wir uns um Blumen- und Obstgarten verdient und erhalten zum Lohne dafür an unserem Geburtstage einen größeren Blumenstrauß und zu Weihnachten eine reichere Spende an Obst.

Wir werden bei unseren Streifzügen mancherlei Raupen antreffen und uns für dieselben ein besonderes Häuschen oder Kästchen einrichten, worin wir sie mit den Blättern derselben Pflanze füttern, auf der wir sie fressend fanden. So haben wir das Vergnügen zu sehen, wie sie sich einpuppen und schließlich in Schmetterlinge verwandeln. Auch bei den Käferlarven werden wir in vielen Fällen die verschiedenen Verwandlungsstufen beobachten können. Wir machen uns ferner aus etwas Draht und einem Stückchen Gaze ein kleines Netz zum Fangen der Motten und Käfer und bedienen uns desselben auch als Fangschirm, indem wir es unter die Büsche, Baumzweige und Blumen halten und die beim Daranklopfen abfallenden Käfer damit auffangen. Die letzteren bringen wir in ein Gläschen mit weiter Mündung, in welchem etwas Spiritus befindlich ist. In diesem sterben die Tiere sofort und werden dann mit dünnen langen Insektennadeln so aufgespießt, daß der Stich durch die rechte Flügeldecke geht. Fliegen, Schmetterlinge, Heuschrecken und ihre Genossen erhalten die Nadel durch die Brustmitte. Kleinere Schmetterlinge sterben schnell durch einen Fingerdruck. Um sie für unsere Sammlung zuzurichten, breiten wir sie auf einem Spannbrettchen aus. Der Leib kommt dabei in eine Rinne zu liegen, und über die Flügel spannen wir mit Hilfe von Stecknadeln schmale Papierstreifchen, welche dieselben so lange ausgebreitet halten, bis sie trocken sind. In der Sammlung versehen wir jeden neuen Ankömmling mit seinem Namen, den wir auf einem Papierstreifchen hinzufügen. Ganz kleine Käfer und Fliegen, welche schon durch einen Nadelstich zerstört werden würden, kleben wir mit einem Tröpfchen von aufgelöstem arabischen Gummi auf einen kleinen Streifen steifen Papiers und stecken letzteren dann mit der Nadel an. Um den richtigen Namen aufzufinden, sehen wir entweder in unserem Schmetterlings- oder Käferbuche nach, wenn wir ein solches haben, oder fragen bei einem kundigen Freunde deshalb nach. Am meisten Vergnügen gewährt es uns aber, das stille eigentümliche Leben und Treiben der kleinen Wesen in unserer Umgebung zu beobachten und dabei gleichzeitig ihre Entwickelung zu verfolgen. Wir werden dabei durch die Handlungsweise manches winzigen Käferchens, das nicht größer ist als eine halbe Erbse, überrascht werden, da sie auf uns den Eindruck macht, als hätte das kleine Tier nach verständiger Überlegung so getan.

Nach einigen Jahren fortgesetzten Beobachtens werden wir selbst erstaunen über die Mannigfaltigkeit und den Reichtum des kleinen Tierlebens, das in der Umgebung unseres Wohnhauses vorhanden ist, und von dem wir im Laufe der Zeit im gleichen Grade mehr bemerken, je mehr sich unser Auge darauf richtet und dadurch schärft. Auf unserem heutigen Ausfluge wollen wir nur einen Anfang dazu machen.

Wir wandern zunächst zu unserem alten Freunde, dem Apfelbaum im Obstgarten, und beginnen mit einer genauen Besichtigung seiner Rinde. Unser käferkundiger Begleiter macht uns aufmerksam auf winzige Grübchen, die hier und da eingegraben sind, und teilt uns mit, daß dies Bohrversuche von Bohrkäfern sind. Die Nagekäfer (Anobium), deren wir früher bereits als Holzverzehrer gedachten, legen ihre Eier ohne sonstige Vorbereitungen in die Ritzen der Baumrinde ab und überlassen es den ausschlüpfenden Larven, für ihr weiteres Unterkommen selbst zu sorgen. Die Bohrkäfer (Bostrychus) dagegen arbeiten selbst zunächst einen Hauptgang in die Stämme der Bäume, von welchem aus sich mehrfache Seitengänge abzweigen. Die Art, in welcher sie hierbei verfahren, ist bei jeder Käfersorte eigentümlich und von der Weise der verwandten Arten abweichend. In diese Gänge legt der alte Käfer seine Eier; hier ernähren sich die Larven teils von den ausgeschwitzten Säften, teils dadurch, daß sie die Gänge verlängern; hier puppen sie sich auch ein und schlüpfen als Käfer wieder aus. Mehrere Wochen lang bleiben letztere noch in den Gängen liegen und sehen zunächst hellgelb aus. Erst später färben sie sich braun, werden aber selten größer als der halbe Nagel am kleinen Finger.

Die Borkenkäfer (Eccoptogaster) halten sich vorzugsweise im jungen Holze (Splint) dicht unter der Rinde auf und graben ihre Gänge von einer weiteren Hauptkammer aus strahlenförmig nach allen Richtungen hin. Sie sind an Größe den Bohrkäfern ähnlich. Am Grunde des Stammes werden wir auf ein Loch aufmerksam, welches so groß ist, daß wir fast den Finger hineinstecken können. Vor demselben liegt dunkler Mulm, der uns den Urheber jenes Loches verrät. Im Stamme haust eine Weidenbohrraupe (Cossus ligniperda) und verspeist Holz, wie ein Menschenkind Semmeln und Kuchen. Sie nährt sich von dieser sonderbaren Speise zwei bis drei Jahre lang, bis sie sich endlich in ein Gespinst einpuppt und als graugefärbter Nachtschmetterling davonfliegt. Sind solche Raupen viele in einem Stamme, so können sie allmählich den Grund desselben so mürbe machen, daß ein stärkerer Wind ihn abbricht.

Etwas weniger schlimm, obschon stets zum Nachteil des Apfelbaums, benehmen sich eine Anzahl Käfer- und Schmetterlingsraupen in der Rinde und dicht unter derselben. So arbeiten hier die Larven mehrerer Rüsselkäfer (Magdalis) und verraten sich schon dadurch, daß die Rinde äußerlich eine rotbraune Farbe und ein zusammengeschrumpftes Ansehen erhält. Ansehnlich größer als jene Insekten sind die Bockkäfer (Cerambyx), von denen eine schwarze Art, der runzelige Bockkäfer (C. Cerdo) genannt, den Apfelbaum bevorzugt. Von den Schmetterlingsraupen finden sich hier noch jene der Sesien, einer sonderbaren Gruppe der Abendfalter, deren Flügel größtenteils glasartig hell sind und deshalb dem ganzen Tier ein wespen- oder fliegenartiges Aussehen geben. Die Raupe eines Wicklers (Tortrix Woeberiana) liebt wie die genannten die Apfelbaumrinde als tägliche Speise und arbeitet Gänge in derselben aus.

Mustern wir die Gäste näher, die sich am Laube, an Blüten und Früchten des Apfelbaumes und der anderen Obstbäume einstellen, so machen wir mehrfach Bekanntschaft mit einer Gruppe kleiner Käfer, die man wegen ihres lang vorgestreckten Mundstücks Rüsselkäfer genannt hat. So schädlich sie unseren Obstbäumen werden, so hübsch sind sie für die Sammlung, da sie neben ihrer sonderbaren Gestalt oft prächtige Färbungen zeigen. Die meisten sind halb so lang wie ein Fingernagel, wenige etwas länger. In ihren Bewegungen erscheinen sie träge und langsam, und zum Fliegen entschließen sie sich auch nicht leicht. Trotzdem entgehen sie oft unseren Verfolgungen auf eine ganz eigentümliche Art. Sobald sie Gefahr vermuten, ziehen sie nämlich die Beine dicht an den Körper und stürzen so von den Ästen des Baumes herab ins Gras, in welchem sie längere Zeit regungslos liegen bleiben. Manche Forscher meinen, daß dies Totstellen ein Zeichen großer Schlauheit der kleinen Käfer sei; andere, welche den winzigen Wesen nicht soviel Überlegung zutrauen mögen, haben die Ansicht, daß sie vor Schreck und Furcht in eine Art Starrkrampf verfallen. Sei dem nun wie ihm wolle, so müssen wir, wenn wir Rüsselkäfer fangen wollen, die Hand, oder noch besser den Fangschirm, unter die Baumzweige halten und dann dieselben schütteln; ein großes weißes Tuch, am Boden ausgebreitet, tut auch gute Dienste. Die ganze Schar der Rüsselkäfer treibt im Obstgarten üble Wirtschaft.

Gleich im ersten Frühjahr, wenn eben die Bäume ihre Knospen öffnen, um Blüten und Zweigschosse zu entwickeln, stellt sich auch schon einer jener Verwüster, der Zweigabstecher (Rhynchites conicus; eine Darstellung seiner Arbeit siehe auf dem Anfangsbilde S. 123 rechts) ein, dessen üble Gewohnheiten schon durch seinen Namen angedeutet sind. Er sieht schön stahlblau aus und ist noch weich behaart. Anfänglich begnügt sich der kleine Käfer damit, in die jungen Blütenknospen oder in die hervorquellenden Büten mit seinem Rüssel feine Löcher zu bohren und den Saft nebst dem jungen Mark zu seiner Erquickung zu genießen. Seine eigentlichen Verwüstungen beginnt er aber, sobald er seine Eier unterbringt. Er sucht sich dazu die jungen Schosse der verschiedenen Obstbäume aus, die an der Spitze noch zart und saftig sind, und bezeichnet am Grunde des Zweiges durch einen punktförmigen Stich die Stelle, an welcher er später den Zweig abstechen will. Hierauf marschiert er auf den Sprossen selbst und löst an einer Stelle die Oberhaut vorsichtig ab; dann bohrt er in den Zweig ein und fertigt mit dem Rüssel in demselben eine kleine Kammer, die geräumig genug ist, um ein winziges Ei aufzunehmen. Ist das Ei gelegt und die Öffnung gut verwahrt, so geht der Käfer zur ersten Angriffsstelle zurück und schneidet und sticht daselbst den Schoß so weit ab, daß derselbe eben nur noch hängt, ohne abzufallen. Er unterbricht dadurch den Saftstrom; die Weiterentwickelung und Verholzung wird unmöglich gemacht, und der aus dem Ei bald ausschlüpfenden Larve der Unterhalt gesichert. Die Arbeit ist für den kleinen Burschen anstrengend genug, und er vermag im Laufe eines ganzen Tages kaum mehr als zwei Eier unterzubringen — freilich dem Obstgärtner ist dies schon viel zu viel, und er wird uns Dank wissen, wenn wir möglichst viele solche Zweigabstecher von seinen Bäumen abklopfen und fortschaffen.

Das Obstspitzmäuschen, oben vergrößert.

Der Apfelstecher (Rhynchites Bacchus) und mehrere ihm nahe verwandte Rüsselkäfer, zu denen auch die sogenannten Spitzmäuschen (Apion) gehören, verfahren in ganz ähnlicher Weise mit den jungen Früchten, mit den Blüten und einige auch mit den Blättern. Sie verwunden eine große Anzahl derselben, um sich zu ernähren, und benutzen andere zur Unterbringung ihrer Brut. Junge Äpfel, Pflaumen und Kirschen werden von ihnen am Stiele halb, mitunter auch ganz durchgeschnitten, nachdem in die junge Frucht selbst je nach ihrer Größe ein oder mehrere Eier untergebracht sind. Die Käferlarven fressen sich in den abfallenden unreifen Früchten bis nach dem Kerngehäuse durch, verlassen dieselben, sobald sie ihre volle Entwickelung erreicht haben, und kriechen in die Erde, um sich zu verpuppen. Die jungen Käfer schlüpfen gleich im ersten Frühjahr aus. Der Apfelstecher übertrifft den Zweigabstecher noch durch Schönheit der Farbe. Er sieht prachtvoll purpurgoldig aus und hat dabei einen metallgrünen Schimmer. Unansehnlicher, rotbraun mit schwach hervortretenden Zeichnungen ist dagegen der Apfelblütenstecher (Anthonomus pomorum), der ebenfalls gleich in den ersten Lenztagen erscheint. Sowie die Blütenknospen die Schuppen zu dehnen beginnen, bohrt er auch schon Löcher in dieselben. Gelingt es ihm hierbei, bei den noch geschlossenen Knospen bis zu den Staubgefäßen zu dringen, so legt er ein Ei in die Öffnung und schiebt dasselbe mit dem Rüssel bis ins Innere der Blüte. Die ausschlüpfende Larve nährt sich vorzugsweise von den Staubgefäßen, greift aber auch den Fruchtknoten an. Ist sie mit ihrem Zerstörungswerke nicht weit genug vorgeschritten, so daß die Blüte sich noch öffnen kann, und die helle Sonne auf das Käferlärvchen scheint, so stirbt letzteres. In den meisten Fällen aber bleibt, durch die Verwundungen gehemmt, die Blüte geschlossen; sie wird rot, dann braun und sieht aus, als sei sie versengt worden, daher in manchen Gegenden die Leute, welche den Blütenstecher nicht kennen, zu der Meinung gekommen sind: die Sonne oder ein schädlicher Tau habe die Blüten zerstört. In der braunen, verdorrten Blüte puppt sich die Käferlarve auch ein und frißt sich nach kurzer Zeit als ausgebildeter Käfer heraus, um noch einige Wochen lang sich auf Blättern und Blütenzweigen zu vergnügen. Im Herbste verkriechen sich die Käfer unter Steine, Baumrinden oder in ähnliche Verstecke und halten sich dort schlafend bis wieder zum Frühjahr.

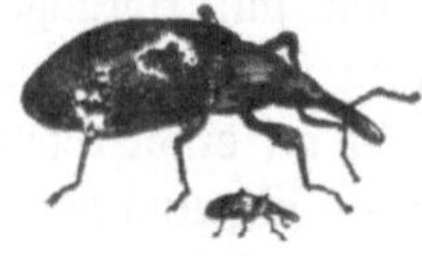
Apfelblütenstecher; oben vergrößert.

Der Rebenstecher; oben vergrößert.

In noch schlimmerem Ruf als die Genannten ist der Rebenstecher (Rhynchites Betuleti) gekommen, da er zwar dem Apfelbaume weniger, desto mehr aber dem Weinstocke durch Abstechen der jungen Schosse schadet. Er ist unbehaart und kommt in verschiedener Färbung vor, stahlblau und goldgrün. Zur Unterbringung seiner Eier fertigt er sonderbare Wickel aus Blättern (auch auf Obstbäumen), die schon von fern auffallen. Zu diesem Zweck sticht er die Blattstiele halb durch und rollt mit großer Anstrengung die Blätter dicht wie Zigarren umeinander, von kleineren Blättern mitunter ein Dutzend bis eine Mandel. Er drückt sie mit den Füßen und dem Rüssel fest aneinander, ohne daß man die Anwendung eines Klebemittels dabei bemerkt hätte. In die fertige Rolle bohrt er dann Löcher und schiebt seine Eier hinein.

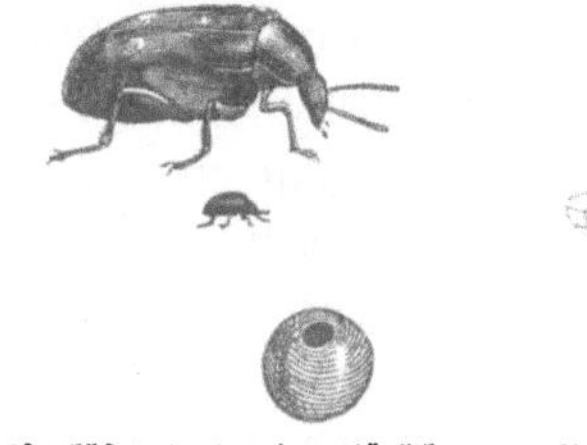
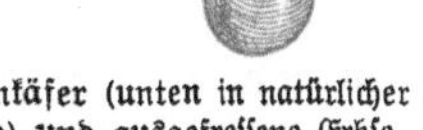

Erbsenkäfer (unten in natürlicher Größe) und ausgefressene Erbse.

Gesellige Birnblattwespe (natürliche Größe).

Andere Rüsselkäfer (Bruchus pisi, Rhynchites pisi) bringen ihre Eier in den Hülsen der Erbsen und Bohnen, wieder andere in den Schoten des Kohles und ähnlicher Kreuzblütler unter. Doch auch aus anderen Familien der Insekten stellen sich Gäste ein, welche dem Obstpächter den Ertrag seiner Ernte schmälern. Einer der schlimmsten ist in dieser Beziehung die Obstlarve, die Raupe des Apfelwicklers (Tortrix pomonana, siehe S. 123 links), eine Mottenart. Der kleine Schmetterling ist fast $1^{1}/_{2}$ cm lang und unansehnlich grau gefärbt. Während des Tages sitzt er ruhig in einem Versteck, flattert aber beim Einbruch des Abends lebhaft um die Zweige der Apfel- und Birnenbäume, um an deren junge Früchte seine Eier anzukleben. Die auskommenden Räupchen fressen sich sofort in die Äpfel und Birnen ein und ernähren sich darin bis zu ihrer Verpuppung, die sie in den Rissen der Baumrinde vornehmen, oder sie wandern auch wohl erst noch in eine zweite benachbarte Frucht hinüber. Sowie die erwachsene Raupe ein sicheres Versteck ausgefunden hat, umgibt sie sich mit einem weißen, seidenartigen Gespinst. In diesem verbleibt sie während des ganzen

Maden der Birnblattwespe und Gespinst derselben.

Winters als Raupe und verwandelt sich erst im nächsten Frühjahr zur Puppe, die bald darauf ausschlüpft.

Sehr groß ist die Schar derjenigen Käfer, Schmetterlinge, Fliegen, Wespen usw., die als Larven oder vollkommene Tiere sich vom Laube der Obstbäume und anderen Gemüsegewächsen ernähren. Sie richten, wenn sie in größerer Zahl auftreten, mitunter erheblichen Schaden an und verzehren nicht nur das Gemüse, sondern verderben auch die Früchte durch das Abfressen des Laubes. Ja, die ganzen Bäume können durch wiederholtes Entblättern zugrunde gehen.

Unter den Wespen macht sich die gesellige Birnblattwespe (Lyda piri) in dieser Beziehung unangenehm bemerklich, da ihre in dichten Gespinsten beisammen lebenden Maden die Zweige kahl fressen. Die Räupchen (Larven) der Kirschblattwespe (Selandria Aethiops) finden sich in manchen Jahren auf den Blättern des Kirschbaumes, jedoch auch auf Pflaumen- und anderen Obstbäumen, in ganz außerordentlichen Mengen ein. Sie sind nur so lang, wie der Nagel am kleinen Finger und ähneln kleinen Nacktschnecken. Sie bedecken sich mit einem grünlich-braunen Schleim, der ihnen ein widerwärtiges Aussehen verleiht. Gewöhnlich nagen sie nur das Blattgrün der oberen Blattseite ab, mitunter auch dasjenige der Unterseite. Ein solcher Baum erhält dadurch mitten im Sommer ein trauriges Aussehen. Sobald im Oktober sich die Larven einpuppen wollen, lassen sie sich zur Erde herab und graben sich in diese ein. Hier im sicheren Versteck spinnen sie ein schwarzseidenes Tönnchen, das außen mit Erdkrümchen durchwoben ist. So schlafen sie bis nächsten Sommer und kommen dann, wenn sie nicht durch ungünstiges Wetter getötet werden, als kleine Blattwespen zum Vorschein. Noch schlimmer, als sie den Kirschbaum mißhandeln, treiben es die Raupen der Gespinstmotte (Hyponomeuta evonymella) auf dem Apfelbaume. So schön weiß die niedlichen Motten aussehen, so schwarz werden die Zweige des Baumes unter den Freßzangen der kleinen Nimmersatte, der blaßgelben Raupen, die sich auch auf den Blättern in Gesellschaft einpuppen. Beide verraten ihre Gegenwart leicht durch die großen Gespinste, die sie anfertigen, eine Eigentümlichkeit, die sie mit den Raupen des Ringelspinners (Gastropacha neustria) teilen, die ebenfalls Baumverwüster sind. Der aufmerksame Wirt schafft die Raupennester mit der Baumschere hinweg und vernichtet sie mit Feuer. Schwieriger dagegen ist der verderbliche Frostspanner (Geometra brumata) abzuhalten, der sich an sonnenhellen Tagen mitten im Winter als Schmetterling sehen läßt. Die Weibchen dieser Motte haben nur ganz kurze Flügelstummel, die zum Fliegen untauglich sind. Um die Eier an die Zweigknospen, in die Nähe der künftigen Nahrung, legen zu können, müssen diese Tiere die Wanderung von der Erde aus den Baumstamm hinauf zu Fuß antreten. Man sucht sie hiervon durch Manschetten aus Papier abzuhalten, die man dick mit Teer bestreicht. Die Eier der oben genannten

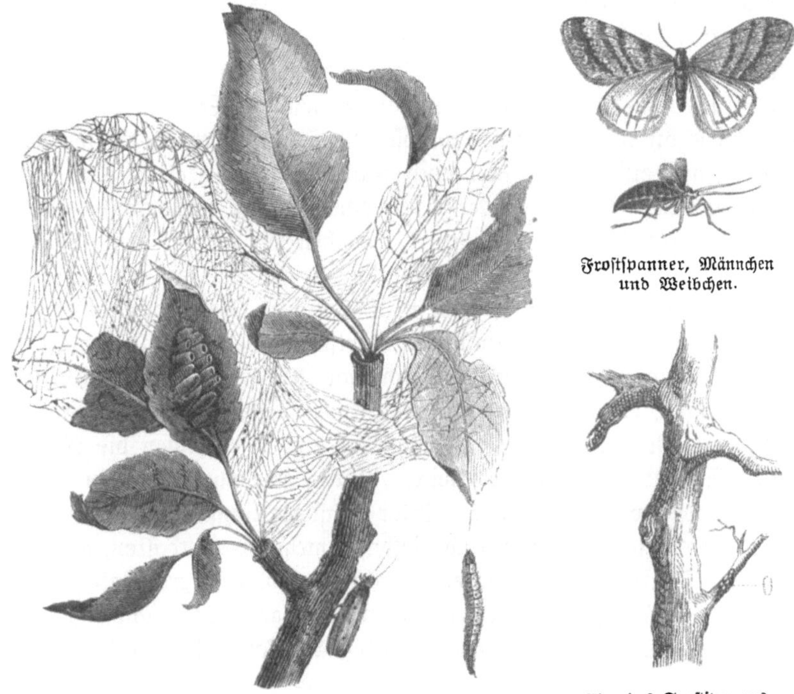

Frostspanner, Männchen und Weibchen.

Apfelgespinstmotte.

Eier des Frostspanners.

Ringelraupe sind während des Winters dem aufmerksamen, geübten Auge bald erkennbar und müssen entfernt werden. Sie gaben durch ihre ringförmige Anordnung an den jungen Zweigen dem Schmetterlinge seinen Namen. An die genannten schließen sich noch eine lange Reihe größerer und kleinerer Schmetterlinge, Blattkäfer und andere Insekten an, welche alle ausschließlich das Laubwerk unserer Gartengewächse in Anspruch nehmen. Sogar die Blüten der Zierblumen werden von nicht wenigen angegriffen, unter denen der sogenannte *Ohrwurm* einer der unangenehmsten ist. Außer den schädlichen Insekten werden wir aber auch noch eine Anzahl Tiere antreffen, die uns getreulich beim Vertilgen der Pflanzenräuber beistehen, so die Raubkäfer und Schlupfwespen; auch mitunter wohl eine flinke Eidechse. Wir werden sie schonen und dadurch unserem Garten den größten Gefallen erzeigen. Setzen wir unsere Beobachtungen hierüber längere Zeit fort, so wird unserer Insektensammlung ein ebenso großer Reichtum an Arten erwachsen, als wir unserem Garten selbst durch Entfernung seiner Feinde einen Dienst erweisen. Die nähere Kenntnis der Lebensweise jener Tiere gibt uns zugleich die Mittel an die Hand, letztere zu vertilgen, sobald sie uns mit Schaden drohen.

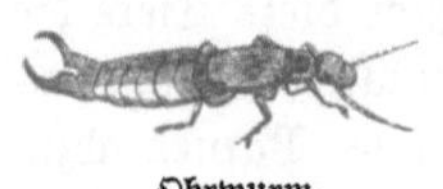
Ohrwurm.

An schönen, warmen und windstillen Sommerabenden können wir unsere Insektenjagd im Garten noch in anderer Weise veranstalten. Wir setzen eine hellbrennende Laterne auf den Tisch der Gartenlaube. Mit der Schmetterlingsschere bewaffnet, begeben wir uns als echte Jäger auf den Anstand und haben Insektennadeln, Schachteln zum Einstecken der Beute und anderes Jagdgerät in Bereitschaft. Es wird selten lange dauern, so kommen, durch den hellen Lichtschein angelockt, und geblendet Abendschwärmer und Nachtschmetterlinge herbeigeschwirrt. Abendpfauenaugen, Weinschwärmer, Ligusterschwärmer, vielleicht sogar einmal der schöne Oleanderschwärmer, stellen sich ein; ihnen folgen die Nachtfalter, Spinner und Eulen, die kleinen, zierlich gezeichneten Spanner und das Heer der winzigen Motten. Unter günstigen Umständen können wir an einem einzigen solchen Abend vielleicht mehr Arten erhalten, als wir etwa an Tagfaltern während eines ganzen Sommers erbeuteten.

Eine noch reichlichere Ausbeute erzielt man, wenn man Gartenbäume mit Sirup, dem einige Tropfen Apfeläther beigemischt sind, bestreicht.

18.

Am Brunnen.

Sobald man beginnt, ein neues Haus zu bauen, pflegt man gewöhnlich zuerst den Brunnen anzulegen, wenn nicht etwa ein solcher bereits in der Nähe vorhanden ist. Die Maurer erhalten auf diese Weise das erforderliche Wasser zum Mörtel und bekommen gleichzeitig genauere Kenntnis von der Beschaffenheit des Grundes, auf welchem die Mauern ruhen müssen.

Wie tief man zu graben hat, um auf Wasser zu gelangen, ist nach den Gegenden und den Ortschaften sehr verschieden. In feuchten Niederungen ist das Wasser schon in so geringer Tiefe unter der Bodenoberfläche zu finden, daß man seine Not mit ihm hat, um es vom Keller und von den Mauern abzuhalten, und außer der Feuchtigkeit in den unteren Zimmern auch die Bildung des gefürchteten Hausschwammes abzuwehren. In höheren Lagen richtet es sich sehr nach den Erdschichten und Gesteinsarten, die den Boden bilden, ob man in geringerer oder größerer Tiefe Wasser finden wird. In alten Zeiten bauten die Ritter ihre Schlösser gern auf die Spitzen der Felsen; bestanden diese aus Kalkstein oder Sandstein, so mußte man mit unendlicher Mühe tiefe Brunnen durch den ganzen Berg hindurch graben bis zur Tiefe des Tales und mittels großer Räder und Wellen, die getreten oder von Pferden umgetrieben wurden, konnte man nur mit größter Anstrengung das Wasser eimerweise heraufwinden. Auf Kalkgebirgen gibt es Dörfer, in denen nur ein einziger Brunnen mit Trinkwasser vorhanden ist, dessen Wasser allabendlich von der Ortsobrigkeit maßweise verteilt wird. Trotzdem sind diese Dorfbewohner dann immer noch besser daran als die Einwohner zahlreicher Städte in heißen Gegenden, in denen gutes Trinkwasser als der größte Genuß gilt, von Wasserträgern oft weit hergebracht und wie bei uns die Milch verkauft wird. Zum Waschen benutzt man an solchen Orten das Regenwasser, das man in gemauerten Zisternen (Gruben, die unten weit sind und oben nur eine kleine verschließbare Öffnung haben) während der Regenzeit gesammelt hat. Härtere Gesteine, besonders auch tonreiche Erdschichten, bergen gerne Wasser zwischen sich. Wird diese Gesteinschicht durchgraben, so trifft man auf Wasservorräte. Sind solche Erdlagen über eine ganze Gegend muldenförmig verbreitet, und hat man sie an einer tiefer gelegenen Stelle beim Graben durchstochen, so tritt das Wasser bedeutend in die Höhe. Bediente man sich hierbei einer Röhre, die man von der Oberfläche bis zu den wasserhaltigen Schichten senkte, so kann es kommen, daß der Druck der seitwärts höher gelegenen Wassermassen das Wasser in der Röhre hinauftreibt, so daß es oben aus derselben von selbst herausquillt, manchmal sogar als Springbrunnen emporspritzt. Dergleichen Brunnen pflegt man artesische zu nennen. Sie versorgen manche Gegenden mit schönem Wasser, in denen man ehedem keines besaß, reichen aber freilich mit ihrer eisernen Röhre mitunter Hunderte von Metern tief in die Erde, ehe sie jene Gesteinsschichten durchbrachen, welche die Wasser zurückhielten.

In den meisten Gegenden unserer Heimat findet man Trinkwasser schon in geringerer Tiefe im Boden. Man gräbt dann ein rundes Loch senkrecht in die Erde und mauert dasselbe ringsum aus, wenn die Gesteinslager nicht sehr felsig und fest genug sind, um hinreichenden Halt zu gewähren. Hat man endlich Wasser gefunden, so kann man wieder verschiedene Mittel anwenden, um es aus der Tiefe zutage zu fördern. Die Beduinen helfen sich einfach mit einem Ledersack, den sie durch einen gespannten Reifen offen erhalten und an einem Strick befestigt hinablassen. Damit er untertaucht, binden sie einen Stein daran. Schon vollkommener sind die Ziehbrunnen, bei denen man mittels eines großen Schwengels sich das Heraufziehen des Eimers, der an einer Stange mit eisernem Haken hängt, erleichtert. Noch besser und bequemer sind die Pumpen.

Ungarischer Ziehbrunnen.

Jeder Knabe weiß, daß sich das Wasser in der Holunderbüchse, die er mit einem dichtschließenden Stöpsel und unten mit kleiner Öffnung versehen hat, in gleicher Weise emporziehen läßt, sowie er den Stöpsel emporhebt. Die atmosphärische Luft bringt durch den Druck, den sie auf das Wasser außer dem Rohr ausübt, dasselbe in letzterem zum Steigen. Das Rohr einer Pumpe hat eine ähnliche Beschaffenheit, nur ist der Stempel so eingerichtet, daß er sich mittels eines Schwengels bequem in dem Rohre hinauf und hinab bewegen läßt, und unter ihm liegen im Rohre Klappen aus Metall und Leder, die sich mitheben, sobald der Stempel emporgezogen wird, und die dadurch dem Wasser gestatten, in das Rohr einzutreten, ihm aber den

Rücktritt verwehren, wenn der Stempel zurückkehrt. In letzterem Falle wird dem Wassec durch eine Klappe (Ventil) im Stempel selbst ein Ausweg nach oben geöffnet und dann dasselbe beim abermaligen Aufziehen des Stempels mit hinauf gehoben, bis es zum Auslaufloche gelangt. Die nebenstehende Abbildung stellt eine gewöhnliche Pumpe im Durchschnitt dar.

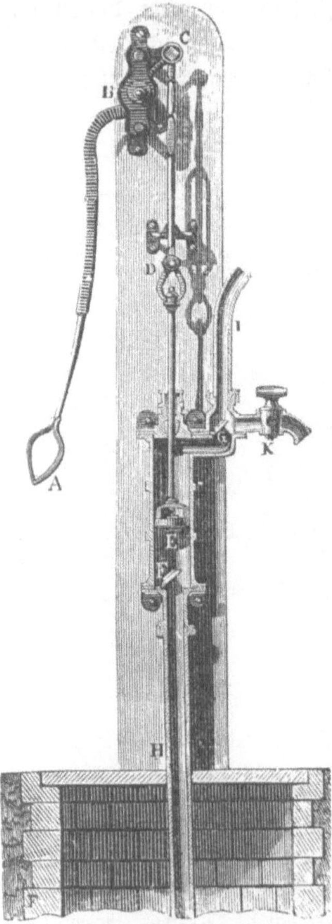

ABC ist der Schwengel, an dem die Kolbenstange CDE hängt. Wird der Kolben E gehoben, so öffnen sich die beiden Klappen F und G, und das Wasser steigt durch das Rohr H in den mittleren Teil der Pumpe, den sogenannten Pumpenstiefel, während gleichzeitig das Wasser, welches sich bereits über dem Kolben befand, noch höher gehoben und durch die Klappe G in das Steigrohr getrieben wird, oder bei K ausfließt, wenn der Hahn daselbst geöffnet ist. Geht dec Kolben dagegen nieder, so schließen sich die Klappen F und G; diejenige aber, welche sich im Kolben E befindet, öffnet sich und eine neue Menge Wasser tritt in den oberen Raum.

Durchschnitt einer Wasserpumpe.

Noch bequemer sind freilich die fließenden Röhrbrunnen. Bei ihnen ist es stets nötig, daß der Quell, welcher das Wasser liefert, höher liegt als die Ausflußröhre des Brunnens. Die Röhren, in denen das Wasser hergeleitet wird, werden vom Pumpenmacher mittels langer Bohrer sorgsam aus Kiefern- oder Tannenstämmen gebohrt und ihre Enden wasserdicht ineinander gesteckt. Dergleichen Wasserleitungen führen das Trinkwasser mitunter stundenweit nach den Städten hin. In manchen Gegenden hat man statt solcher hölzerner Leitungen auch wohl steinerne eingerichtet, die dann, wenn sie über dazwischen liegende tiefe Täler hinweg müssen, zu großartigen

Prachtbauten werden. Mehrere solcher Wasserleitungen waren in der alten Zeit wegen ihrer Länge und wegen der Höhe ihrer Bogen besonders berühmt geworden; sie werden aber weit übertroffen durch die Vorrichtungen, mittels derer man gegenwärtig die großen Städte mit Wasser versorgt. Man wendet dabei häufig die Dampfkraft an. Zunächst wird das nötige Wasser mittels Druckpumpen (die durch Dampfmaschinen bewegt werden) in hochgelegene große Vorratsbehälter gepumpt und gereinigt. Von hier aus leitet man es in mächtige eiserne Röhren, die sich in kleinere und immer kleinere zerteilen und so gleich einem Adernetz die ganze Stadt durchziehen. Die kleinsten jener Röhren, steigen in den Wohnhäusern bis zu den obersten Stockwerken empor, münden in den Küchen oder anderen Zimmern und spenden daselbst ihr Wasser, sobald die Hähne geöffnet werden, die sie verschließen. Auf diese Weise wird nicht nur jeder Einwohner des Ortes mit Wasser versorgt, sondern solches ist auch bei etwa ausbrechendem Schadenfeuer allenthalben vorhanden.

Die Wärme des Brunnenwassers richtet sich nach der Tiefe, aus welcher es stammt. Zisternenwasser ist im Winter kalt bis zum Gefrieren, im Sommer so warm wie die Luft. Tiefere Pumpen und Brunnen sowie Quellen, deren Wasser aus etwa tieferen Erdschichten kommt, behalten zu jeder Jahreszeit fast dieselbe Wärme, ähnlich wie die Luft im Keller. Ihr Wasser erscheint uns deshalb im Sommer sehr kalt, da wir es mit der warmen Luft oder dem warmen Regenwasser vergleichen; im Winter dagegen kann es bei strenger Kälte sogar dampfen. Prüfen wir es mit dem Thermometer, so wird es bei uns 6—8° Wärme zeigen. Artesische Brunnen und solche Quellen, deren Wasser aus noch bedeutenderen Tiefen herstammt, enthalten dagegen wärmeres Wasser. Man kann ungefähr annehmen, daß bei je 20—30 m größerer Tiefe die Wärme um 1° zunimmt. So trifft man Quellen, deren Wasser sogar kochend heiß ist.

So sehr ein kühler Trunk Wasser im heißen Sommer uns eine Wohltat dünkt, so müssen wir uns doch dabei hüten, daß wir uns keine Erkältung zuziehen, lieber das Wasser etwas wärmer werden lassen und es in ganz kleinen Mengen genießen. Es hat sich schon mancher durch einen kalten Trunk den Tod zugezogen oder den Keim zu einer langwierigen Krankheit gelegt.

Fast nie ist das Brunnenwasser gänzlich rein, in den meisten Fällen enthält es sehr verschiedenartige Stoffe aufgelöst. Regenwasser und Wasser von geschmolzenem Schnee ist schon reiner, schmeckt aber deshalb nicht gerade besser. Im Gegenteil bekommt das Wasser seinen angenehmen Geschmack meist erst durch einzelne seiner beigemischten Bestandteile, besonders durch die Kohlensäure, die es neben gewöhnlicher Luft enthält. Wir können uns von diesem Luftgehalt schon an jedem Trinkglase mit Wasser überzeugen, das etwa über Nacht stehen geblieben ist. Ringsum haben sich am Glase Luftperlen ausgeschieden, und das Wasser schmeckt fade und abgestanden. Durch das Kochen wird die Luft noch rascher entfernt.

Vermöge des Gehaltes an Kohlensäure vermag das Wasser aus dem Erdboden mancherlei Stoffe aufzulösen, vorzüglich den gemeinen oder kohlensauren Kalk. Lassen wir Wasser in einem reinen Glase verdunsten, so sehen wir an letzterem einen weißlichen Rücksatz angelegt, der aus Kalk oder auch aus Gips besteht. Töpfe, in denen oft Wasser gekocht wird, belegen sich mit einer Schicht von jenen Gesteinsarten, die man Topfstein, fälschlich wohl auch Salpeter nennt. Wasser, die gar keine oder nur wenig erdige Bestandteile aufgelöst enthalten, nennt man weiche; solche, die viel davon haben, dagegen harte. Das meiste Quell- und Brunnenwasser enthält auch kleine Mengen von Kiesel, desgleichen Salz, Eisen usw. Wenn Quellwasser größere Mengen von Kohlensäure oder Schwefelwasserstoff oder von mineralischen Bestandteilen enthält, so wird es oft von Ärzten zu Heilungsversuchen benutzt und als Säuerlinge, Mineralquellen, Gesundbrunnen usw. bezeichnet.

Alles Wasser unserer Brunnen ist vormals als Regenwasser, Schnee, Tau oder Hagel dem Erdboden zugeführt worden und in denselben eingedrungen. In Gegenden, in denen es selten regnet, gibt es gewöhnlich auch wenig Quellen, und wenn es während mehrerer Wochen im Sommer trocken ist, so werden Quellen, die nur aus den oberen Erdschichten Zufluß erhalten, wasserarm und versiegen wohl ganz.

Es geht aus dem zuletzt Angedeuteten aber auch hervor, daß wir möglichst vorsichtig darauf zu achten haben, daß unsere Brunnnwasser nicht verunreinigt wird. Düngergrube, Senkgrube und andere Dinge, die dem Wasser unangenehme und schädliche Stoffe zuführen könnten, müssen möglichst entfernt von ihm gehalten werden. In reinem Wasser findet man selbst mittels des Vergrößerungsglases selten ein tierisches Wesen. Sobald aber dem Wasser durch verwesende Stoffe andere Bestandteile zugeführt werden, finden sich auch Infusionstierchen und Wasserinsekten ein, deren Genuß ebensowenig appetitlich ist wie gesund. Man hat die Verbreitung mancher ansteckenden Krankheit, besonders der Cholera und des Typhus, mit vieler Wahrscheinlichkeit dem verunreinigten Trinkwasser schuld gegeben und geraten, letzteres vor dem Genusse wenigstens abzukochen.

Wo Wasser, Licht und Wärme zusammenwirken, beginnt auch sofort die Pflanzenwelt sich einzustellen. So siedeln sich auch mancherlei kleine Gewächse sowohl an der Pumpe als am Brunnentrog an und heften sich selbst am Holzwerk und hartem Gestein fest. Es wird wohl jedem der grüne Überzug der feuchten Gesteine am Brunnen aufgefallen sein. Er rührt gewöhnlich von Algen her. Früher glaubte man, sie seien dort von selbst, durch eine neue Schöpfung (Urzeugung) entstanden; jetzt weiß man, daß die ersten Anfänge zu ihnen in Form winziger Zellen entweder durch das Wasser oder durch die Luft zugeführt worden sind.

Die federige Wasserflocke (Hogrocrocis Plumula) bildet an Wasserröhren, Brunnentrögen, oder an Steinen, Scherben und Holzwerk, das in der Nähe der Brunnen liegt, schmutzig-schleimige Überzüge, die innen weiß aussehen und aus sehr feinen verästelten Fäden bestehen. Häufig treten an denselben Stellen auch mehrere Formen der Urkügelchen (Protococcus) auf. Sie bestehen aus zahlreichen winzigen rundlichen Zellen, untermischt mit einzelnen Fäden, und ziehen sich auch nicht selten an den steinernen und hölzernen Wänden empor. Einige scheinen unter günstigen Umständen in höhere Algenformen überzugehen, andere bilden die Anfänge von Flechten. Gallertartige Überzüge von roter, mitunter dem geronnenen Blute gleichender Farbe, die sich auf feuchter Erde oder an nassen Steinen finden, rühren gewöhnlich her von Palmellen, ebenfalls Algenformen. Im Frühjahr tritt hier auch bei anhaltendem Regen die dunkelgrüne Blasenpalmelle (Microcystis atrovirens) auf, die eine dünne Kruste bildet, bei trockener Luft dagegen in Stücke zerbröckelt. Auch Erdgallerte (Nostoc) findet sich wohl gelegentlich ein, ziemlich gewöhnlich dagegen grüne oder grünblaue und schwärzliche Schwingfasern (Oscillaria), die rundliche Flecken bilden. Die letztgenannten Oscillarien bieten unter dem Vergrößerungsglase ein höchst interessantes Schauspiel. Aus gallertartigen Scheiden strecken sich bei ihnen zarte, gefärbte, gleichstarke Fäden hervor, welche durch eng beisammenstehende Querscheidewände in viele Zellen geteilt sind und einem Zollstabe ähneln. Diese Fäden schwingen zusehends fortwährend hin und her und verlängern sich gleichzeitig dabei, daß man hier buchstäblich die Pflanzen nicht nur wachsen, sondern auch sich bewegen sehen kann.

Den Oscillarien sehr ähnlich sind die sogenannten Scheidenfäden (Microcoleus), die olivenbraune, schwärzliche oder dunkelgrüne, glänzende Häute an nasser Erde darstellen. Die Dünnfaserarten (Lyngbya) überziehen feuchte Mauern, Bretter und Erde als schwarzgrüne, glänzende, derbe Häutchen und zeigen die einzelnen Fäden, aus welchen sie zusammengesetzt sind, nur erst bei starker Vergrößerung. 500 solcher Fäden nebeneinander gelegt, betragen erst einen Millimeter. Sind die Überzüge an feuchten Mauern, besonders an solchen, die aus Sandsteinen gebildet sind, bläulichschwarz, mattschimmernd, so rühren sie mitunter von der Mauerbündelalge (Symploca muralis) her, während hellgrüne an Bretterwänden in manchen Fällen einer Chroolepusart ihr Entstehen verdanken. Sehr oft wird letztere Färbung auch durch Wattenfasern (Ulothrix parietina) herbeigeführt, die sich als zartes, aus verwirrten Fasern bestehendes Häutchen abtrennen lassen. Wasserfäden (Conferva muralis, insignis) treten ebenfalls auf, und Schlauchalgen (Vaucheria) begleiten sie. Das Krausblatt (Prasiola crispa) verrät sich durch die gekräuselte Oberfläche seiner Rasen. Das Gallertträubchen (Botrydium granulatum) zeigt sich als kornähnliche, lebhaft grün glänzende Kugel. In Brunnentrögen oder Bassins, die stets Wasser enthalten, breiten ästige Wasserfäden (Draparnaldia glomerata) ihr schönes Laubwerk aus, werden aber an reizendem Bau weit von der Federalge (Batrachospermum plumosum) übertroffen, deren Äste sich höchst zierlich zerteilen.

Alle diese niedlichen und durch ihre Zellenformen oder durch ihre Fortpflanzungszellen so sehr interessanten Pflänzchen lassen sich aber nur mit Hilfe eines Vergrößerungsglases in ihrem eigentlichen Baue untersuchen und voneinander unterscheiden, wenn die meisten von ihnen auch dem bloßen Auge deutlich genug auffallen. Man bewahrt sie leicht auf, indem man sie unter Wasser mit Papierstückchen auffängt und auf diesen antrocknen läßt. Die Oscillarien bilden dabei ringsum schöne Strahlen, und die Draparnaldien und feineren Konferven sehen aus, als seien sie mit dem Tuschpinsel auf das Papier gemalt.

Gemeine Fledermaus. Langöhrige Fledermaus.

19.

Die Fledermaus.

Bei unserer heutigen Entdeckungsreise haben wir auf dem Bodenraume unterhalb des Daches einen interessanten Schlupfwinkel aufgefunden und in demselben eine rätselhafte Tierkolonie angetroffen. Jener Versteck befindet sich hinter dem Schornstein und ist gegen Kälte und Nässe gleich gut geschützt. Von unten her führt ein schmaler Zugang zu demselben, der unterhalb der Dachziegel mündet.

Hier sehen wir dann, nachdem sich unsere Augen an die herrschende Finsternis gewöhnt haben, eine ganze Schar bräunlichgrauer, sonderbarer Wesen an den Hinterbeinen aufgehangen und während des hellen Tages fest schlafend. Es sind Fledermäuse, die seit Jahren unter demselben Dache mit uns wohnen, ohne daß wir bis heute eine Ahnung von diesen Hausgenossen hatten.

Es sind höchst sonderbare Tiere, diese Fledermäuse, die mit eigentlichen Mäusen weiter nichts gemeinsam haben als die ungefähre Größe und Farbe, sonst aber in der Lebensweise mehr an Vögel erinnern möchten, obschon sie weder Nester bauen noch Eier legen, sondern lebendige Jungen bekommen. Der ganze Körperbau der Fledermäuse ist zum Leben in der Luft und zum Herumtummeln bei Nacht oder wenigstens in der Dämmerung eingerichtet.

Die hinteren Füße sind denen anderer Säugetiere gewöhnlich noch am ähnlichsten, die vorderen dagegen sind zu Flügeln umgewandelt. Zu diesem Zweck sind die Knochen des Ober- und Unterarmes auffallend verlängert, und die vier Finger so lang und dünn ausgezogen, daß sie sich mit den Stäben eines Regenschirmes vergleichen lassen. Sie entbehren der Nägel und dienen dazu, die feine Flughaut, die sich zwischen ihnen befindet, auszuspannen. Der Daumen der Vorderfüße ist kurz, aber mit einem starken Nagel versehen und läßt sich ebenso leicht vorwärts wie rückwärts legen. Befindet sich eine Fledermaus am Boden, so hilft sie sich mühsam mit dem Daumennagel der Vorderfüße fort und hakt sich sonderbarerweise einigemal mit demjenigen des linken, dann wieder mehreremal mit dem des rechten Fußes weiter, so daß sie sich schief seitwärts fortbewegt. Mit den Hinterfüßen schiebt sie hierbei nach. In gleicher Weise hilft sie sich an den Seitenwänden eines Drahtkäfigs hinauf, in den man sie etwa steckt. An einer rauhen Wand klimmt sie besser empor als auf der ebenen Erde. Ist sie oben angelangt und findet dort einen bequemen Vorsprung, so hängt sie sich an demselben mit den Daumennägeln der Hinterfüße auf und kann so, den Kopf nach unten gerichtet, wochen- und monatelang hängen, ohne daß ihr eine solche Körperstellung Nachteil brächte, während die meisten anderen Säugetiere zugrunde gehen würden, wollte man sie an den Hinterbeinen aufhängen.

Die Flughaut ist nicht nur zwischen den Zehen ausgespannt, sondern auch zwischen Hinter- und Vorderfüßen und dem Schwanze. Der Schwanz ist bei den verschiedenen Fledermausarten von verschiedener Länge. Die Flughaut zwischen ihm und den Hinterfüßen wird auch noch durch einen eigentümlichen Knochen in Spannung erhalten, welcher von den letzteren ausgeht. Die Form der Flügel ist je nach den Arten der Fledermäuse ebenfalls verschieden. Einige haben lange, schmale Flügel, und diese sind nicht nur die besten, gewandtesten, Flieger, sondern zugleich diejenigen Arten, welche am frühesten ihre Schlupflöcher verlassen. Sie führen ihre kühnen Wendungen um die

Baumgipfel schon aus, ehe die letzten Strahlen der Sonne verglommen sind, wetteifern an Schnelligkeit und Geschicklichkeit des Fluges mit den Schwalben und fangen gewöhnlich diejenigen Kerbtiere — Fliegen, Schmetterlinge und Käfer — welche um diese Tageszeit sich noch in den höheren Luftschichten vergnügen. Sie fliegen selten längere Strecken in gerader Richtung fort, sondern lieben Zickzackbewegungen der verschlungensten Art. Mitunter schießen sie blitzschnell mehr als 6 m tief hinab, um ein unten fliegendes Tierchen wegzuhaschen.

Andere Arten haben kürzere, breitere Flügel und besitzen eine geringere Flugfertigkeit. Während die ersten Arten durch ihren Flug an

Große Hufeisennase.

die Schwalben erinnern, ähneln diese mehr den flatternden Hühnervögeln. Sie kommen später am Abend zum Vorschein und streichen dann durch die Büsche oder über die Oberfläche der Teiche, manchmal nur wenige Zentimeter über dem Wasserspiegel.

Das Maul ist bei allen Fledermäusen weit gespalten und deshalb geschickt, die kleine Beute im Fluge leicht aufzuschnappen. Sie bedienen sich beim Fange eines Kerbtieres auch noch ihrer Flughaut, umschließen mit derselben das Tier und werfen es dem Munde zu. Die Zähne weichen von denen der Maus sehr in ihrem Bau ab und haben mehr Ähnlichkeit mit jenen der insektenfressenden Raubtiere: Maulwurf, Igel und Spitzmaus.

Noch sonderbarer als das Flugvermögen sind die Sinnesorgane der Fledermäuse. Mehrere Arten haben außerordentlich große äußere

Ohren, verhältnismäßig größer als bei jedem anderen unserer Tiere; ja bei einigen sind sie sogar zu einer einzigen Ohrmuschel zusammengewachsen. Innen im Ohr befindet sich eine Anzahl feiner Hautfalten, welche wahrscheinlich die Fähigkeit zu hören noch verstärken helfen. Außerdem besitzen die großohrigen Arten noch eine Ohrenklappe, die vermutlich das empfindliche Gehör gegen die Einwirkung eines heftigen Schalles schützt. Abenteuerlich sehen die Hautfalten aus, welche mehrere Arten auf der Nase tragen und nach denen man einige geradezu Blattnasen, Hufeisennasen usw. benannt hat. Wahrscheinlich verstärken diese die Fähigkeit zu riechen.

Man vermutet, daß die Fledermäuse ganz besonders in ihrer Haut das Vermögen besitzen, fein fühlen zu können. Man glaubt, daß sie durch diese Hautfortsätze, vielleicht auch durch die Flughaut selbst die veränderte Beschaffenheit der Luft in einer so feinen Weise wahrnehmen können, daß uns dafür die Erfahrung abgeht. Man ist zu diesen Ansichten durch vielfache Beobachtungen gekommen, welche man an gefangenen Fledermäusen anstellte. Man ließ z. B. blinde Fledermäuse in einem Zimmer fliegen, in welchem Fäden nach verschiedenen Richtungen hin ausgespannt waren, und sie bewegten sich hier ebenso sicher und vermieden jedes Anstreifen an die Fäden ebenso gewandt, als seien sie sehend. Man wiederholte diese Versuche im Freien unter großen aufgespannten Netzen mit demselben Erfolg; ja hier kam es vor, daß solche blinde Fledermäuse ein Loch im Netze entdeckten und durch dieses entwischten.

Durch ihre Nahrung werden uns die Fledermäuse nur nützlich. Sie sind mit einem außerordentlichen Appetite begabt. Sie sind zwar bei ungünstigem, regnerischem, stürmischem oder kaltem Wetter imstande, tagelang ohne Nachteil zu hungern, bringt ihnen ein schöner Abend aber eine glückliche Jagd, so können sie auch um so mehr verzehren. Die größeren Arten können ein Dutzend Maikäfer, die kleineren ein Schock Fliegen auf einmal verspeisen, ohne übersättigt zu werden. Manche lassen sich in der Gefangenschaft auch auf diese Weise füttern und nehmen die vorgehaltenen Insekten aus der Hand. Im übrigen eignen sie sich aber des üblen Geruches wegen, den sie verbreiten, nicht wohl zu Stubengenossen. Leidenschaftliche Käfersammler haben durch die Fledermäuse schon manchen seltenen Käfer erhalten, indem sie am Morgen den Magen der gefangenen Tiere untersuchten, besonders solcher Arten, die gern hoch fliegen und deshalb das Gebälk der Kirchtürme bewohnen.

Im Herbst beginnt den Fledermäusen die Nahrung zu mangeln. Manche Arten sollen dann weiter nach Süden wandern; die anderen, welche bei uns bleiben, machen es wie die Murmeltiere: sie verschlafen die schlechten Zeiten.

Diese Arten kriechen an geeigneten Schlupfwinkeln zu Hunderten zusammen und hängen sich nebeneinander an den Hinterbeinen auf. Ihr Atem wird langsamer, der Umlauf des Blutes verzögert sich mehr und mehr, und die Wärme des letzteren verringert sich in demselben Grade. Sie kann sogar bis auf 1 Grad sinken; erreicht sie freilich 0 Grad, d. h. gefrieren die Tiere förmlich an schlecht geschützten Orten bei strenger Kälte, so sterben sie.

Treten im Winter mildere Tage ein, so kommen mitunter auch die Fledermäuse zum Vorschein und suchen irgend einen Imbiß zu erwischen. Es fehlen ja auch zu dieser Jahreszeit die Insekten nicht gänzlich, und wir wissen, daß manche Fliegen, Mücken, der Frostschmetterling usw. sich selbst im Dezember und Januar vorfinden.

Einige Arten Fledermäuse sind einsiedlerischer Natur. Sie lieben es, nur einzeln in ihren Schlupfwinkeln sich niederzulassen, und wählen außer geschützten Stellen unter dem Dache der Häuser und im Keller auch hohle Bäume, Felsklüfte, Höhlen und verlassene Bergwerksgruben zum Nachtlager und Winterquartiere. Selbst die gesellig wohnenden Arten geraten aber manchmal in Streit, geben ihren Zorn durch Zwitschern zu erkennen und greifen sich gegenseitig mit Bissen an, die so kräftig sind, daß sie sich die Armknochen zerbeißen und dadurch ihren Tod herbeiführen.

Die Fledermausarten bekommen jährlich nur einmal Junge, manche Arten deren je eins, andere zwei. Kurz nach der Geburt kriechen die kleinen Tierchen an den Alten empor und saugen sich an der Brust derselben fest. So bleiben sie sitzen und werden beim Fliegen mit herumgetragen, bis sie nach 5—6 Wochen ausgewachsen sind und für sich selbst sorgen müssen.

Es gibt bei uns eine ziemliche Anzahl verschiedener Fledermausarten, die sich durch Beschaffenheit der Ohren, der Nase, Flughaut usw. voneinander unterscheiden lassen. Heiße Gegenden besitzen noch zahlreichere und unter diesen auch solche, die bei nächtlicher Weile dem Menschen oder seinen Haustieren zu nahen suchen, um das Blut derselben zu saugen. Noch größere Tiere dieser Familie sind dort auch als Verzehrer der Baumfrüchte allgemein verhaßt. Unsere Fledermäuse saufen zwar in der Gefangenschaft Milch, greifen aber Speck nie an. Wenn man sie hier und da in Schornsteinen getroffen hat, so haben sie jene nur der Wärme, nicht aber der daselbst hängenden Speckseiten wegen aufgesucht.

20.

In der Gartenlaube.

Der Entdeckungsreisende, welcher bei sengender, sinnebetäubender Sonnenglut die traurigen Sandflächen und spiegelnden Felsebenen der Wüsten durchzieht, kennt keinen lieblicheren Gedanken, keinen höheren Wunsch als kühlen Schatten unter grünem Laubdach und einen frischen Trunk. Selbst Mohammed, der phantasiereiche Prophet der Araber, wußte seinen Gläubigen das Paradies nicht schöner zu malen. Wir können diese größte Herrlichkeit des Morgenländers gewöhnlich schon in der Nähe unserer Wohnungen haben, denn wo wäre ein Gärtchen am Hause, in dem nicht auch eine schattige Laube sich befände? Da wir indes keine Orientalen sind, denen das süße Nichtstun als das höchste Glück erscheint, sondern denen neben dem Glase frischen Wassers oder Limonade, neben der Tasse Kaffee oder Tee etwas geistige Nahrung Bedürfnis ist, so setzen wir selbst ruhend im Schatten der Laube unsere Entdeckungen fort und betrachten zunächst die Gewächse ein wenig, die uns den angenehmen Aufenthalt überdachen.

Die Beschäftigung mit den Pflanzen wird stets als die lieblichste aller Wissenschaften bezeichnet. Oft trifft man dabei aber noch den Irrtum, daß zum Studium der Pflanzen wilder Wald, Berg und

10*

Tal notwendig seien, und die Bewohner größerer Städte verzichten deshalb leider häufig von vornherein auf diesen Geistesgenuß, ohne daß sie Ursache dazu hätten. Das Gärtchen am Hause reicht schon aus, einen ganz hübschen Anfang zu machen; es sind nicht meilenweite Ausgänge durch Getreidefluren und Kartoffelfelder oder nach den fernen Bergen die ersten Erfordernisse.

An unserer Laube (siehe das Anfangsbild auf der vorhergehenden Seite) schlingen und ranken sich mancherlei Gewächse empor. Die breiten Blätter des sogenannten Tabakspfeifenstrauchs (Aristolochia Sipho, Fig. 4) wechseln mit dem hübschen Laube des Klimmen (wilder Wein, Ampelopsis quinqefolia, Fig. 3). Neben diesem nicken die langen Blütentrauben der Traubenkirsche (Prunus Padus, Fig. 2) herab, und zu oberst sind die roten Glöckchen des Bocksdorn (Lycium barbarum, Fig. 1).

Der Tabakspfeifenstrauch erhielt seinen Namen von der sonderbaren Gestalt seiner Blüten, die ganz einem türkischen Pfeifenkopf ähneln. Er bietet ein Beispiel des innigen Zusammengehörens mancher Tiere und Pflanzen. Die Narben der Stempel entwickeln sich beim Tabakspfeifenstrauche früher als die Staubgefäße derselben Blüte, müssen deshalb durch den Blütenstaub einer anderen, älteren Blüte befruchtet werden. Bei dem eigentümlichen Bau der Blumen ist dies nur dadurch möglich, daß kleine Fliegen den Blütenstaub von den älteren Blüten auf die jüngeren übertragen. Sie werden durch den häßlichen Duft der Blumen angelockt und finden in der weichen Innenwand derselben ihnen zusagende Nahrung. Die Fliegen gelangen zwar leicht durch die gebogene Blumenröhre zu dem untersten kugeligen, weiten Raum, in welchem die Honigdrüsen und die Befruchtungswerkzeuge liegen; nachdem sie jedoch sich hier satt geschmaust haben, finden sie nicht ebenso leicht den Ausgang wieder. Zudem sind die Wände der senkrecht stehenden Röhre glatt und erschweren ihnen die Flucht. Die Fliegen werden unruhig, und bei ihrem lebhaften Hin- und Herflattern bringen sie den Blütenstaub auf die Narben des Stempels. Nachdem dies geschehen, öffnen sich erst die Staubbeutel der Blüte und bestäuben die Fliegen von neuem. Die Röhre senkt sich, wird runzelig, erleichtert dadurch den Fliegen die Flucht und das Übertragen des Blütenstaubes zu anderen Blüten des Tabakspfeifenstrauches.

Der Klimmen ist eine derjenigen wilden Weinarten Nordamerikas, an denen jener Erdteil reich ist und die ihm bei seinem ersten Auffinden durch die Normannen den Namen Winland verschafften. Sind auch die Beeren in dieser Art nicht genießbar, so liefern doch andere amerikanische Arten in ihrer Heimat ein brauchbares Obst und genießbares Getränk. Er wächst außerordentlich rasch und leicht, so daß man durch Anpflanzung von etwa einem Dutzend armlanger Stecklinge bereits nach zwei Jahren eine große Laube dicht beschatten kann. Sehr hübsch nimmt sich der Klimmen selbst noch im Herbst beim Verfärben seiner Blätter aus. Diese ändern ihr freundliches Grün in das brennendste Scharlachrot um. Sie erinnern daran, daß dieser auffallende Farbenwechsel ein eigentümlicher Zug der meisten größeren Gewächse ihres heimatlichen (nordamerikanischen) Waldes ist, den sie selbst nach langjähriger Verpflanzung in anderen Erdteilen beibehalten.

Kirschblüte.

Die Traubenkirsche wird bei uns fast nur wegen ihrer prächtigen schneeweißen Blüten, die in Trauben stehen, angepflanzt, die Früchte werden fast gar nicht verwendet, ja mancher sieht sie mit mißtrauischem Auge an. Am südlichen Ural dagegen, wo Traubenkirschen förmliche Waldungen bilden, sammeln die daselbst wohnenden Baschkiren die reifen Beeren, pressen den Saft aus und trocknen sie in Form von dicken schwarzen Kuchen zum Wintervorrat. — Mustern wir die Gewächse, welche die Lauben anderer Gärten bilden, so treffen wir schon hierbei einen ziemlichen Artenreichtum an.

Blühendes Geißblatt.

Kommt es zunächst darauf an, uns mit den Formen der Gewächsteile, mit den Organen der Pflanzen vertraut zu machen, so haben wir hier die schönste und bequemste Gelegenheit, ohne den Garten dadurch irgend welchen Schaden zuzufügen. Wir beachten fürs erste den Stengel der Gewächse, seine Richtung, Verzweigung und sonstige Beschaffenheit. Der Stengel der Bohne windet sich links herum, jener des Hopfens rechts. Einige liegen nieder und treiben lange Ausläufer, wie Erdbeeren, andere gehen sofort schnurstracks in die Höhe. Wir zeichnen in ein Heft, welches wir uns zu diesem Zwecke anlegen — wie ja jeder Reisende bei Entdeckungen sein Tagebuch führt — diese Verschiedenheiten der Stengel möglichst getreu auf und schreiben unsere Bemerkungen dazu. Dann legen wir uns eine Sammlung von Blättern an, oder wenn der Gärtner es ungern sehen sollte, daß wir von jeder Pflanzenart ein einziges Blatt abpflücken — was wir aber nicht glauben — nun dann begnügen wir uns damit, daß wir die vorhandenen Formen nur abzeichnen. Die Stellung der Blätter am Stengel, die Länge des Blattstiels, die Richtung des Blattes, das Vorhandensein oder Fehlen von Nebenblättern, ob das Blatt einfach oder zusammengesetzt und in welcher Weise das letztere, wie seine Gesamtform, sein Grund, sein Rand, seine Spitze, seine Gefäßverteilung beschaffen, ob es behaart oder glatt, mit Wickelranken, Stacheln oder sonstigen Eigentümlichkeiten versehen sei, wird alles genau von uns ins Auge gefaßt. Der Blütenstand interessiert uns nach diesem, dann die Formen und die Bestandteile der Blüten. Dort an der Tulpe stehen die Blumen einzeln, an der Syringe bilden sie Trauben, am Knöterich Ähren. Von jedem Gewächs des Gartens zergliedern wir eine Blüte und zeichnen sie. Beispielsweise nehmen wir von den Kirschblüten, die abgefallen am Boden liegen, eine auf und trennen sie durch einen Messerschnitt der Länge nach in zwei Teile. Wir sehen hier deutlich zu unterst den Blütenstiel, der oben einen becherförmigen oder glockenförmigen Kelch trägt. Der Rand des letzteren ist in fünf Abschnitte zerteilt, die sich zurückschlagen. Er trägt ferner fünf Blütenblätter und zahlreiche Staubgefäße. Im Grunde des Bechers ist der Stempel erkennbar. An der Spitze des griffelförmigen Staubweges trägt der letztere die kugelige Narbe, an seinem Grunde den Fruchtknoten. Der Messerschnitt hat auch den letzteren halbiert und zeigt in seinem Innern, an einem feinen Stielchen hängend, die kleine Samenknospe. — Nach diesem zeichnen wir auch dieselbe Blume im Grundriß: zu innerst die Samenknospe, um diese als kleinen Kreis den quer durchschnittenen Fruchtknoten, an einem zweiten größeren Kreise, der den Kelchrand vorstellt, als zahlreiche Pünktchen die Staubgefäße und als

Fruchttragendes Geißblatt.

fünf Bogen die Blütenblätter. Außerhalb der letzteren und mit diesen wechselnd deuten wir durch die fünf ähnliche Bogen die Kelchzipfel an.

Schon ein mäßiges Hausgärtchen wird uns eine größere Ausbeute an Blumenformen liefern, als wir für den ersten Augenblick vermuten. Ein fernerer Gegenstand unserer Forschung wird die Frucht. Haben wir die duftige Blüte des lieblichen Geißblattes näher kennen gelernt, so interessiert es uns jetzt, zu sehen, in welcher Weise sich der unterhalb der Blumenröhre stehende Fruchtknoten zur Fruchtbeere umgewandelt hat. Durch einen der letzteren führen wir einen Längsschnitt durch eine zweite einen Querschnitt. Beide zeichnen wir und machen uns dadurch den ganzen Bau der Beere klar. Bei den Früchten des Salbei, der Minzen und Melissen werden wir den Kelch als Hülle der vier kleinen Schließfrüchtchen finden, die aus dem vierteiligen Fruchtknoten entstanden sind. Bei Kaiserkronen, Tulpen u. a. werden wir Kapseln antreffen. Die Früchte des Stiefmütterchens sehen wir in drei einzelne Klappen geteilt; beim Portulak merken wir, daß sich die obere Kapselhälfte gleich einem Deckel ablöst, bei den Nelken treffen wir die Öffnung durch ein Zerspalten in Zähne bewerkstelligt, beim Mohn bekommt der Kopf unterhalb der Narbe eine Reihe Löcher usw. Die Form der Samen beschäftigt uns dann, und wir werden bei einiger Übung bald dahin kommen, die verschiedenen Gewächse schon als kleine Körnchen voneinander unterscheiden zu lernen, und der Sperling wird hierin nichts mehr vor uns voraus haben.

Derjenige, welcher sich begnügen muß, in Wald und Feld Gewächse zum Studium derselben zu suchen, muß meist vorlieb nehmen mit den fertigen Formen, die er gerade bei seinem Ausgange antrifft. Jeder aber, dem ein noch so kleines Gärtchen beschert ist, hat dadurch einen großen Vorteil, daß er die ganze Lebensgeschichte jedes Gewächses an seinen Augen vorüberziehen lassen kann. Nachdem er den Samen kennen gelernt und selbst der Erde anvertraut hat, beachtet er mit Spannung die Zeit, wann die ersten grünen Spitzen den braunen Grund durchbrechen werden. Er wird bald merken, wie verschieden schon die ersten Keimblättchen der Gewächse voneinander sind, und wie von den späteren Blättern derselben Pflanze, so ähnlich dieselben auch scheinen, doch kaum eines dem andern völlig gleich ist. Größere Unterschiede herrschen natürlich zwischen den verschiedenen Arten. Ferner wird er beobachten, wie die Pflanzen in den verschiedenen Zeiten ihres Lebens sehr verschieden schnell wachsen, wie sie die Stellung ihrer Blätter nach den Tageszeiten verändern, wann sie zu blühen beginnen, zu welcher Stunde sich die Blumen öffnen und schließen, unter welchen Verhältnissen sie gut gedeihen, unter welchen dagegen kränkeln und wenig Samen reifen. Steht ihm hierbei vielleicht noch ein Büchlein zu Gebote, welches ihn darüber unterrichtet, was man bereits über die Ernährungs- und Lebensweise, über Befruchtung und sonstige Verhältnisse der lebendigen Pflanze kennen gelernt hat, so wird er sich bald gewöhnen, sein Gärtchen als eine Gesellschaft lebender Wesen anzusehen, und er wird jedes Blümchen, ebenso jeden Strauch und Baum wie einen längst bekannten Freund begrüßen, um dessen Schicksal man sich kümmert.

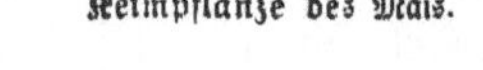

Keimpflanze des Mais.

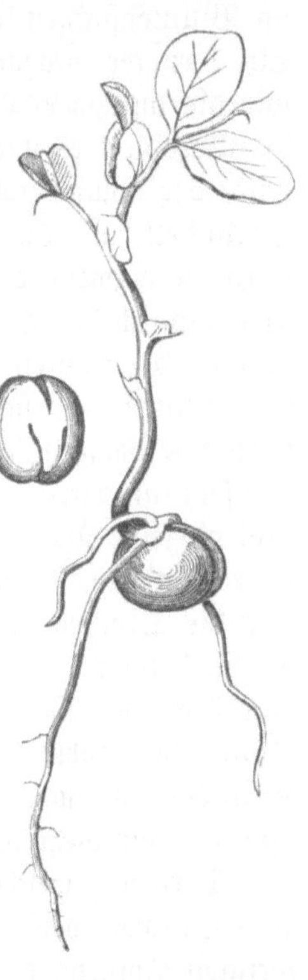

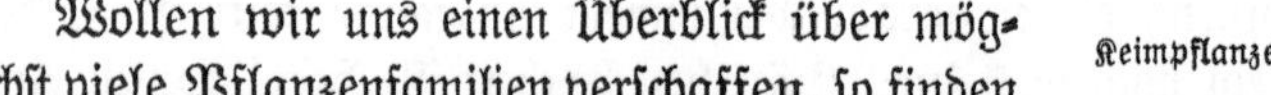

Keimpflanze der Erbse.

Wollen wir uns einen Überblick über möglichst viele Pflanzenfamilien verschaffen, so finden wir schon in einem kleineren Garten ziemlich gute Gelegenheit. Die Zahl der Familien, welche im Garten vertreten sind, übertrifft meist jene unserer wildwachsenden Pflanzen. Wir deuten beispielsweise nur einige der bekanntesten an. Auf die blütenlosen Pflanzen (Algen, Flechten, Moose) machten wir bereits bei der Betrachtung der Unkräuter aufmerksam, außerdem ist aber nicht selten an einem schattigen Plätzchen, als schöner Ausputz von Felsgruppen, der eine oder andere Waldfarn angepflanzt. Von Gräsern ist das hübsche Bandgras neben dem riesigen Mais und dem kleinen Zittergras vorhanden; von Liliengewächsen gibt's eine große Menge. Spargel- und Narzissengewächse haben ihre Vertreter so gut wie die Schwerteln, die Aronstabpflanzen und schönen Blumenrohre.

Von den Nadelhölzern sind außer dem Lebensbaum der Sadebaum und die Cypresse sowie der Taxus sehr gewöhnlich. Der Rizinus ist ein Glied der Euphorbiaceen, der Buchsbaum desgleichen. Von den Lippenblütlern sind viele Arten als wohlriechende Kräuter (Salbei, Basilikum) gepflegt. Der Boretsch und Heliotrop sowie das Alpenvergißmeinnicht gehören zu den Rauhblätterigen. Winden, Enziane, Sinngrüne, Jasminpflanzen und Fliedergewächse sind in einigen Arten meistens auch vorhanden. Jedoch wir wollen unser Register nicht weiter fortsetzen, sondern auffordern, dasselbe nach dem Garten selbst zu vervollständigen. In einem einigermaßen blumenreichen Garten können bei aufmerksamer Umschau Vertreter von mehr als 100 Familien blühender Gewächse aufgefunden werden, also mehr, als die wildwachsende Flora eines kleinen Ländergebietes enthält. Es wird uns freilich anfänglich einige Mühe verursachen, die richtigen Namen für unsere Gartenlieblinge zu erhalten, allein durch Fragen und durch Zuhilfenahme von geeigneten Büchern werden wir auch diese Schwierigkeiten überwinden.

Außer den Beschäftigungen mit dem Bau, den Organen der Pflanzen und ihrer Lebensgeschichte, zu welchen der Garten uns auffordert, außer dem reichen Stoff zur Systematik, welchen er bietet, wird uns hier auch ein leidlicher Anfang zur Pflanzengeographie an die Hand gegeben, den uns die wildwachsende Flora in dieser Mannigfaltigkeit nicht gewährt.

Aus den Waldungen, die ehedem die Umgegend unseres Wohnortes bedeckten, haben sich mehrere der lieblichsten Pflänzchen in unsere Hausgärten gerettet, einige auch von den Wiesen und Berggehängen. Solche sind der Akelei, Diptam, Fingerhut usw. Eine ziemliche Anzahl sind von den Alpen Süddeutschlands zu uns gebracht worden, so das Schneeglöckchen, die Narzisse und das Aurikel. Andere stammen aus der Umgebung des Mittelmeeres, wie die meisten unserer wohlriechenden Lippenblütler: Salbei, Rosmarin usw. Das mittlere Asien lieferte uns die Herzblumen, Rhabarber, Hortensien, Feuerlilien, Kaiserkronen usw., Afrika spendete Heidekräuter, Geranien und Zaserblumen. Von Nordamerika kamen sehr viele Sommergewächse mit zusammengesetzten

Blumen, schönblühende Johannisbeeren usw. Mittelamerika gab uns Kakteen und Südamerika Passionsblumen, Verbenen, Pantoffelblumen, Fuchsien und Kapuzinerkresse, Australien schöne Immortellen und Ehrenpreisarten u. v. a. In unserem Garten können wir an einzelnen Proben die Eigentümlichkeiten der Gewächse der verschiedenen Erdteile zu studieren anfangen, hier den Wuchs der Alpenpflanzen am Gänsekraut und dem Steinbrech, dort jenen der heißen Hochebenen Mexikos am Kaktus. Wir erobern auf diese Weise unser Gärtchen fleißig; Moskitos, Skorpione und Giftschlangen haben wir nicht zu fürchten, und die Biene, welche den Honig aus den Blüten saugt, schonen wir vorsichtig — sammelt sie ja doch für uns.

Über die Beschaffenheit der Säfte unserer Gartenpflanzen gibt uns ein pflanzenkundiger Freund oder ein von solchem verfaßtes Buch hinreichende Auskunft, und die länger vertraute Beschäftigung mit den schön geschmückten, duftenden Gewächsen lehrt uns, auch sie schließlich zu allerhand Spiel und Kurzweil zu verwenden. Reicher Stoff zu unterhaltenden Rätselfragen der mannigfaltigsten Art liegt in angenehmster Weise vor uns, sowie wir mit den Blumen vertrauter geworden sind. Frage z. B. :„Welches ist die Blume, deren Narben Blumenblättern gleichen und deren Blüten das Wappen Frankreichs zierten?" Fällt dann nicht „Schwertlilie" als Antwort, sondern „Lilie", so würde Schmach den Ungelehrigen treffen. Oder: „Die Knospen gleichen dem Delphin, der Kelch ist ebenso schön gefärbt wie die Blütenblätter. Eines der letzteren hat einen Sporn!" Es würde den Rittersporn schon ziemlich bezeichnen.

Wir leben der festen Überzeugung, daß durch eine vernunftgemäße Benutzung des kleinsten Gartenstückes der Pflanzenkunde, besonders in großen Städten oder in solchen Orten, welche mitten in ausgedehnten Kulturflächen liegen, weit mehr Freunde erworben, dem Unterrichte der Jugend weit mehr genützt werden würde, als es bei dem alleinigen Hinweis auf die schwer, mitunter gar nicht zu erlangenden wildwachsenden Pflanzen der einheimischen Flora je möglich sein kann.

Kreuzkröte. Laubfrosch. Gemeine Kröte.

21.

Die Hausunke.

Wir haben schon einmal eine Fahrt in den Keller hinab unternommen; heute werden wir aber durch ein außerordentliches Ereignis nochmals veranlaßt, in die düstere Tiefe zu steigen.

Das Hausmädchen war mit mattleuchtender Laterne hinuntergegangen in die geheimnisvolle Finsternis, die vor alters von Märchen und abenteuerlichen Sagen bevölkert wurde. Sie wollte den aufgespeicherten Vorräten Kartoffeln entnehmen und bekam hierbei etwas Weiches in die Hand, das ihr wegen seiner Kälte und Feuchtigkeit eine große faule Kartoffelknolle zu sein schien. Plötzlich fühlte sie, daß sich die vermeintliche Kartoffel regte, und erkannte sofort, daß sie eine große Kröte, eine Hausunke, gefangen. Von jähem Entsetzen gepackt, schleuderte sie das feuchtkalte Tier weg, stieß dabei die Laterne um und suchte nun schreiend im Finstern den Rückweg zur Oberwelt. Wir eilen mit brennendem Lichte zur Hilfe und untersuchen das gefürchtete Wesen welches imstande war, solchen Aufruhr durch sein bloßes Erscheinen anzurichten.

Wir finden das kleine Ungeheuer bald auf. Es ist die gemeine Kröte (Bufo cinereus), die sich mit langsam schleppendem Gange eben bemüht, ihren Versteck zu erreichen. In der hinteren, etwas feuchten Kellerwand fehlt am Boden ein Stein. In jener Höhlung hat das Tier wahrscheinlich seit Jahren bereits sein einsiedlerisches Leben geführt und von dort aus im Finstern Jagden auf Schnecken, die mit den Gemüsevorräten in den Keller kamen, auf Mücken oder andere kleine Tiere angestellt, bis sein Unstern es dem Mädchen in die Hände fallen ließ. Sicherlich ist die Kröte nicht weniger erschrocken, denn emporgehoben und dann gegen die Erde geschleudert zu werden, mag wahrlich nicht angenehm sein. Jetzt, da wir ihr mit dem hellen Licht entgegenleuchten, vermutet sie sich jedenfalls auch nichts Gutes und gibt sich deshalb ein so Furcht einflößendes Ansehen als nur möglich.

Es ist eine eigentümliche Erscheinung, daß viele derjenigen Tiere, welche ein nächtliches Leben führen, ein Äußeres besitzen, das unserem Auge häßlich erscheint. Sie untereinander mögen sich vielleicht sehr liebenswürdig und uns etwa ganz abscheulich finden. Jenes widerwärtige Breite und Plumpe des Krötenkörpers, die kurzen, unbehilflichen Beine dabei, dazu die graue Färbung der mit Warzen besetzten Haut, sind aber auch die einzige Waffe des Tieres. Zu beißen versucht eine Kröte nie, außerdem würde ihr Biß gar nicht schaden, da sie keine Zähne besitzt.

Ehemals sprach man viel von Krötengift, welches das Tier ausspritzen und durch welches es sich verteidigen könnte. Eine Kröte spritzt gar kein Gift aus. Wohl sondert sie beim Anfassen aus ihren Drüsen einen milchigen Schleim aus, der kleineren Tieren schädlich sein kann. Auch Hunde, die noch keine Gelegenheit hatten, diesen seltenen Hausbewohner kennen zu lernen, und welche deshalb begierig zuschnappen, lassen ihn stets rasch wieder fallen. Sie machen ein sehr unbehagliches Gesicht dabei und schäumen eine Zeitlang aus dem Maule. Uns schadet der Schleim nichts, nur an die Lippen und Augen gebracht, ruft er eine Entzündung hervor.

Selbst die häßliche Kröte ist aber nicht gänzlich ohne Schönheit; ihre Augen leuchten im schönsten feurigen Gold und möchten hierin die Augen aller anderen Tiere in unserer Umgebung übertreffen. Ebenso gewährt es mancherlei Unterhaltung, das anscheinend träge und langweilige Tier in seiner Lebensweise zu beobachten. Erst nach dem Verschwinden des Tageslichtes kommt die Kröte aus ihrem Versteck hervor und späht nach irgend einem kleinen Kerbtiere. Entdeckt sie ein solches, so nähert sie sich demselben vorsichtig bis auf passende Entfernung, faßt es dann scharf ins Auge, schnellt rasch die breite Zunge aus dem geöffneten Maule hervor, trifft damit das Tier, klebt es an die Zunge fest und wirft es mit derselben ebenso schnel sich in den Schlund. Mißglückt ihr der Angriff, so wartet sie so lange, bis das Insekt sich wieder bewegt. Tote Fliegen u. dgl. rührt sie nicht an. Hat sie reichliche Beute, so vermag sie erstaunlich viel zu verzehren. Dann kann sie aber auch im Notfalle monatelang wieder fasten, wenn es ihrem Aufenthalt nicht an Feuchtigkeit fehlt.

Gemeine Ackerschnecke.

Ende September sucht sich die Kröte gewöhnlich einen etwas trockneren Versteck und gräbt sich, wenn sie keine passende Höhlung findet, mit Hilfe der Hinterbeine selber eine solche, deren Eingang sie mit Erde verschließt. Hier verharrt sie dann unbeweglich bis zum Frühjahr.

Häufig ist noch gegenwärtig die Kröte ein Gegenstand des Schreckens und muß nicht selten ihr Leben deshalb einbüßen, weil sie es gewagt hat, Mitbewohnerin des Hauses sein zu wollen. Wir tun dem armen erschrockenen Wesen aber kein Leid, sondern schaffen sie auf einem Brette hinauf in den Gemüsegarten. Dort wird sie uns noch mehr von Nutzen sein als im Keller.

Zu den schlimmsten Feinden unserer Gemüsebeete gehören die grauen Ackerschnecken (Limax agrestis), und zwar gewöhnlich um so mehr, je feuchter die Umgebung des Gartens ist. Von den Ufern des nahen Baches und Wassergrabens oder aus dem Moos und Laubwerk der schattigen Hecke, wo sie ihre früheste Jugendtage verlebt haben, schlüpfen sie nach den saftigen, weichen Kohlpflanzen und Salatköpfen, nach Kraut und Bohnen und bezeichnen ihren Marsch mit glänzenden, widerlichen Schleimstreifen. Während des sonnenhellen Tages ziehen sie sich auf die Unterseite der Blätter oder in andere schattige und womöglich feuchte Verstecke zurück und schrumpfen zu unansehnlichen Häufchen zusammen, die wegen ihrer erdfahlen, bräunlichen Färbung wenig in die Augen fallen. Sie lassen sich nicht so leicht von den Nutzpflanzen ablesen, wie die gefräßigen Raupen der Weißlinge. Ein zahmer Rabe oder ein Star, der etwa im Garten herumspaziert, tut wohl auch schon als Schneckenvertilger einige Dienste, der beste Hüter in dieser Hinsicht ist jedoch die gemeine Kröte. Diese widerlichen Nachtschnecken finden auch häufig den Weg in den Keller und schmausen daselbst von den aufgespeicherten Vorräten. Gegen sie würde die Kröte die beste Hilfe abgeben.

Bei trockenem Wetter wühlt die Kröte freilich wie der Maulwurf in dem lockeren Gartengrunde auch Gänge, da ihr die Feuchtigkeit ebenso Lebensbedürfnis ist wie den Schnecken, die sich dann auch in der Erde verkriechen. Manchmal mag sie dann auch wohl den Wurzeln einzelner junger Pflanzen zu nahe kommen und diese dadurch schädigen; im ganzen aber ist dies in gar keinem Vergleich zu stellen mit dem Vorteil, welchen sie uns durch das Verzehren jener ungeladenen Gäste gewährt. Für die Schneckenjagd ist sie gerade noch schnell genug; für diese schleimigen, weichen Tiere besitzt auch ihr zahnloses Maul ausreichende Kraft, und es darf uns deshalb nicht wundern, wenn die Gärtner in der Umgebung von London Kröten eigens in ihren Gärten ansiedeln, um sich durch sie vor den Schnecken zu retten. Da man in England nicht hinreichend viele Kröten auftreiben konnte, ließ man sie sogar fässerweise aus Frankreich übers Meer kommen und bezahlte sie ziemlich teuer. In Paris ist in neuester Zeit ein Krötenmarkt eingerichtet, auf welchem diese nützlichen Tiere an die Gartenbesitzer verkauft werden.

Der Transport der zählebigen Tiere ist nicht gerade schwierig, denn unterwegs braucht man sie nicht zu füttern. Es ist erstaunlich, wie lange eine Kröte hungern kann, wenn sie nur Feuchtigkeit und Luft ausreichend bekommt. Man erzählt, daß sie dies länger als zwei Jahre ohne Schaden ertrage. Ja, man ist hierin auch wieder weiter gegangen und erzählt Geschichten von Kröten, welche in einen Baumstamm eingewachsen oder in einen Felsblock eingeschlossen gewesen seien und daselbst deshalb seit Jahrzehnten, möglicherweise gar seit Jahrtausenden logiert, vielleicht aus einer früheren Erdperiode als Erbteil auf uns überkommen seien. Was hiervon vermutlich das Wahre sein wird, ergibt sich zum Teil schon aus der Lebensgeschichte der Kröte und ihren Gewohnheiten. Die Kröte liebt, wie gesagt, Löcher und Schlupfwinkel nicht nur, um während des hellen Tages sich versteckt zu halten, sondern auch, um daselbst während des Winters zu schlafen. Wird nun inzwischen die Öffnung, durch welche das Tier eingedrungen ist, so weit verstopft, daß es nicht wieder herauskann, so ist dasselbe zu immerwährender Gefangenschaft verurteilt und kann sich nur durch diejenigen Stoffe ernähren, welche ihm das eindringende Wasser mitbringt, oder es lebt von den Kerbtieren, Würmern usw., welche gelegentlich in seine Nähe geraten. Wird eine Kröte so eingeschlossen, daß weder Feuchtigkeit noch frische Luft zu ihr gelangen kann, so stirbt sie nach nicht langer Zeit.

Wie alt die Kröte unter günstigen Verhältnissen werden kann, weiß man nicht; ein Naturforscher erzählt aber, er habe in seinem Hause eine solche 36 Jahre lang besessen, die allmählich völlig zahm geworden und auf den Ruf herbeigekommen sei, um vorgehaltene Fliegen in Empfang zu nehmen.

Für gewöhnlich sind die Kröten stumm, nur zur Paarungszeit lassen sie eigentümliche glockentonähnliche Laute hören. Das Weibchen legt dann den Laich in Sumpfwasser. Dieser besteht aus kleinen, gallertartigen Eiern ohne Schalen, die wie zwei nebeneinander liegende Schnüre geordnet sind. Die ausschlüpfenden geschwänzten Jungen, den Kaulquappen der Frösche ähnlich, ernähren sich zunächst von verwesenden Pflanzen, beim Größerwerden verlassen sie das Wasser und fangen kleine Tiere: Schnecken und Insekten. Die jungen Kröten halten sich gern gesellschaftlich zusammen und verkriechen sich bei anhaltender Dürre. Fällt dann ein kräftiger Regen ein, so bedecken sie nicht selten zu Hunderten die Wege und geben dadurch Veranlassung zur Sage vom Krötenregen.

Außer der gemeinen Kröte kommt auch die Kreuzkröte (Bufo calamita) manchmal in den Räumen des Hauses vor. Sie unterscheidet sich von der gemeinen grauen Kröte durch einen gelben Rückenstreifen, der ihr auch den Namen verschaffte. Der übrige Körper ist olivenbraun, mit schmutzig rotgelben Warzen besetzt. Mittels zweier knochiger Knötchen, die sich an der Unterseite der Vorderpfoten befinden, vermag sie geschickt an rauhen Wänden hinaufzuklettern und gräbt auch in die Erde besser als ihre trägere Verwandte. Das Ausschwitzen eines scharfen, schaumigen Saftes aus den Hautdrüsen findet bei ihr in noch höherem Grade statt als bei der gemeinen Kröte; sie wird deshalb selbst vom Storche verschmäht. Im Frühjahr läßt sie ein eigentümliches hellschwirrendes Geschrei hören, das mit dem des Laubfrosches eine gewisse Ähnlichkeit hat.

Von den übrigen krötenähnlichen Tieren siedelt sich wohl die Feuerunke (Bombinator igneus) bei Gewitterregen in den Pfützen an, die sich in der Nähe ländlicher Wohnungen finden. Sie hat ihren Namen von der feuerroten Unterseite und von ihrem Ruf, der wie „Unk, Unk!" lautet. Sie ist die zierlichste und gewandteste Kröte.

Ehedem traf man in den Zimmern nicht selten auch den Laubfrosch (Hyla arborea), das einzige Glied dieser Tierfamilie, das man gelegentlich absichtlich zum Hausgenossen macht. Jeder kennt ja wohl das glatte, harmlose Tierchen, das mit der Farbenveränderung der Umgebung auch das eigene Aussehen wechselt. Sitzt der Laubfrosch auf frischen Blättern, so ist sein Röcklein grün, während es auf Sand- oder Torfboden sich braun färbt. Das Männchen hat eine schwarzbraune Kehle. Man setzt den Laubfrosch gewöhnlich in ein weites Glas, das zur Hälfte mit Flußwasser gefüllt und oben verschlossen ist, stellt zu seiner Bequemlichkeit eine kleine Leiter in dasselbe und betrachtet ihn als eine Art Wetterpropheten. Freilich ist es mit seinem Prophetentum nicht weit her, denn er zeigt den Regen dadurch, daß er ins Wasser geht, gewöhnlich erst dann an, wenn ihn auch alle anderen Leute bereits draußen merken. Bei schönem Wetter klettert er mittels der Saugscheiben an seinen Zehen selbst am glatten Glase aufwärts und fängt die lebendigen Fliegen, welche man ihm in sein Gefängnis steckt, geschickt mit der Zunge. Die Zunge ist bei ihm wie bei seinen verwandten Kameraden nur vorne angewachsen, läßt sich breit herausklappen und schnell mit der erhaschten Beute zurückschlagen. — Gegenwärtig hält man ihn nur noch selten zu jenem Zwecke im Zimmer. Man hat statt seiner das Barometer, das zwar eigentlich nur die Veränderung des Luftdruckes nachweist, dadurch aber in vielen Fällen auch Änderungen des Wetters vorher angibt, wenigstens sicherer als der Laubfrosch.

22.

Kaninchen und Meerschweinchen.

Hase und Kaninchen sind zwei sehr nahe verwandte Vettern; das letztere sieht fast aus wie ein etwas kleinerer Bruder des ersteren, und doch sind beide in ihrer Lebensweise und ihrem ganzen Wesen voneinander verschieden. Der Körper des Kaninchens ist kleiner als derjenige des Hasen, ebenso sind auch bei ihm die Ohren und Hinterfüße kürzer im Verhältnis zum Körper. So viele Jahre aber auch der Hase mit dem Menschen in einem und demselben Lande gewohnt, solange er auch mit ihm von demselben Kohl gespeist haben mag, so versteht er sich doch nie dazu, der Hausfreund desselben zu werden. Fängt man ein junges Häschen zufällig ein und zeigt es sich auch zunächst vertraulich, so wird es doch meistens je älter, desto wilder, und in den meisten Fällen ist es eines schönen Morgens verschwunden oder hat seinen Tod bei einem verunglückten Fluchtversuche gefunden. So sehr auch Freund Lampe von Dichtern besungen, von Malern abkonterfeit worden, so wenig macht er sich aus der Freundschaft der großen Herren. Er scheint fast zu ahnen, daß letzterer ihn schließlich doch verzehren und sich in seinen Pelz hüllen wird.

Ganz anders verhält sich das Kaninchen. Es läßt sich ebenso leicht zähmen, wie es wieder verwildert. Ursprünglich soll es bei uns gar keine Kaninchen gegeben haben, weder zahme noch wilde. Letztere sollen anfänglich — so erzählt man — in Spanien einheimisch gewesen und von dort aus nach den übrigen Ländern Europas gebracht worden sein, und zwar zunächst nach den südlichen. Noch im Jahre 1309 waren die Kaninchen in England so teuer, daß eines mehr kostete als ein junges Schwein. Die wilden Kaninchen, welche wir gegenwärtig bei uns oft antreffen, sind mutmaßlich nur aus verwilderten zahmen Kaninchen entstanden, die man eingeführt hat. Noch heutzutage macht man die Erfahrung, daß, wenn weiße, schwarze und scheckige zahme Kaninchen ins Freie gelangen, sich dort ansiedeln und Junge bekommen, letztere schon mehr in ihrer Färbung den wilden ähneln und deren Junge den letzteren gewöhnlich völlig gleich sind. Auch bei den zahmen Pfleglingen ist die Färbung ein sonderbares, sehr veränderliches Ding.

Ein bekannter Naturforscher paarte ein schwarzes Kaninchenweibchen mit einem weißen Männchen. Man hätte nun glauben sollen, daß die Jungen weiß und schwarzfleckig geworden wären, dieselben waren aber fuchsrot und grau und hatten nur ein weißes Halsband und eine weiße Blässe. Im zweiten Jahre mischte sich der fuchsrote Pelz der Jungen mit Grau, der graue mit Gelb. Bei anderen Jungen, welche jenes erste Paar erhielt, waren stets einige graue und rote Junge dabei, andere aber auch schwarz und weiß gefleckt.

Die wilden Kaninchen graben sich in sandigen oder trockenen lehmigen Hügeln Baue, in welche sie sich während des Tages gewöhnlich zurückziehen. Zu einem solchen Bau führen mehrere lange Gänge, und wenn ein Feind durch einen derselben eindringt, entfliehen sie durch den anderen. Sie machen aber die Gänge so enge, daß größere Tiere gar nicht hindurch können, und bewohnen manchmal eben deshalb ungestraft mit ihrem Todfeind, dem Fuchs, einen und denselben Bergabhang.

Sobald das Weibchen ein halbes Jahr alt ist, wird es schon fähig, wieder Junge zu bekommen. Es richtet sich dann seine Höhle hierzu besonders ein, füttert sie mit trockenem Heu sorgsam aus und bereitet zu innerst ein ganz weiches Lager aus den Wollhaaren, welche es sich vom eigenen Pelze, besonders vom Bauche, abzupft. Im Laufe eines Jahres bekommt ein Weibchen viermal, ja in manchen Fällen sogar acht- bis zehnmal Junge. Die Zahl der letzteren wechselt zwischen 3—9, so daß von einem Kaninchenpaar jährlich zwischen 12—50 und mehr Junge kommen können. Würde man nur 20 Junge annehmen, so könnten von diesen, wenn es gleichviel Männchen wie Weibchen wären, wiederum 200 Junge kommen, im dritten Jahre aber schon 2000 und noch mehr. Es erklärt sich daraus, daß in manchen Gegenden die wilden Kaninchen zur wirklichen Plage werden können, da sie nicht nur die Felder bedeutend plündern, sondern auch im Winter durch Abnagen der Rinde die Obstbäume vernichten.

Die jungen Kaninchen sind höchst hilflose Dinger. Sie sind während der ersten Zeit ganz nackt und blind und lernen erst am neunten Tage sehen. Während dieser Zeit muß das Weibchen seine Jungen sogar gegen den eigenen Vater derselben verteidigen, der eine besondere Neigung hat, die kleinen Wesen tot zu beißen. Sie wachsen sehr rasch und nach vierzehn Tagen bereits führt die Mutter ihre Kleinen aus der Höhle heraus spazieren. Jetzt tut ihnen das Männchen auch kein Leid mehr, sondern nimmt sich ihrer mit an, leckt und putzt sie. Ein Kaninchen kann überhaupt bis acht Jahre alt werden, wenn ihm nicht vorher ein Unfall zustößt.

Im Freien drohen ihm zwar nicht so viel Gefahren wie dem Hasen, der im Felde offen sein Lager hat, allein doch immer noch genug. Besonders gehen viele zugrunde, wenn ein anhaltender strenger Winter eintritt. Der Jäger lauert ihnen am Abend im Versteck auf, wenn sie ihre Höhlen verlassen, um in die Krautfelder zu spazieren, und schießt sie. Im Winter ist es aber auch ein sehr beliebtes Vergnügen, sie mittels des F r e t t c h e n s zu fangen.

Das Frettchen ist auf demselben Wege zu uns gekommen wie das Kaninchen, nur daß es nie wie das letztere verwildert ist. Es wird erzählt, daß, als sich in Spanien die Kaninchen in zu bedeutender Weise vermehrt hatten, das Frettchen von Afrika (Berberei) aus dahin gebracht worden sei, um ihnen Einhalt zu tun. Man sagt auch, daß jenes Tier ursprünglich braun gewesen sei, wie der Iltis; ja manche Naturforscher haben die Ansicht, es sei eben weiter nichts als eine Spielart unseres oder vielleicht des nordafrikanischen Iltis, mit welchem es sich auch paart und Junge wirft. Man kennt das Frettchen gegenwärtig nirgends mehr

11*

im wilden Zustande, sondern nur als ein Tier, das von Jagdliebhabern in Kasten gehalten wird, ohne deshalb zum Haustier geworden zu sein; es kommt nur als sogenannter Albino oder Kakerlak vor, d. h. mit hellem Pelz und roten Augen, wie sich ja auch unter Kaninchen, Ratten und Mäusen dergleichen Formen finden. Sein Fell ist oben weißlichgelb, unten etwas dunkler.

Dabei ist das Tier gegen die Kälte unserer Winter sehr empfindlich und muß deshalb in einem Kasten im Zimmer gehalten werden. Der Jäger füttert es mit Semmel und Milch.

Das Frettchen.

Will man es zur Kaninchenjagd benutzen, so hängt man ihm eine Klingel um den Hals und trägt es in einem Sacke zum Baue. Man läßt das Frettchen in einen Gang einlaufen, die übrigen Röhren hat man außen mit Netzen umstellt. Die Kaninchen fliehen, sobald sie ihren Feind mit der Klingel kommen hören, in wilder Hast und werden so in den Netzen gefangen, getötet und zum Verspeisen auf den Markt gebracht, während ihr Pelz zum Kürschner oder Hutmacher wandert.

Die zahmen Kaninchen sind allerliebste Gesellschafter für Kinder. Ihr gutmütiges Wesen, ihre drolligen, possierlichen Manieren machen sie allgemein beliebt. Wer sie pflegen will, muß nur dafür Sorge tragen, daß er ihnen einen trockenen Wohnort anweist, an dem sie keinen Schaden anrichten können, wenn sie ihrer Neigung zum Wühlen in der Erde folgen wollen. Wer sie nicht in einem geschützten Kuh- oder Ziegenstall unterbringen und ihnen dort mit Hilfe einiger zusammengenagelter Bretter eine Höhle bauen kann, tut wohl, wenn er sich eine Art Käfig für sie einrichtet, ähnlich wie die am Schluß stehende Abbildung einen zeigt. Ein solcher enthält zwei Abteilungen. Der größere Raum hat eine offene Seite, durch welche die Tiere frische Luft, Licht und Futter erhalten und durch die man ihrem lustigen Treiben zusehen kann. Der zweite Raum, die eigentliche Höhle, ist durch ein Brett von dem ersten getrennt und steht mit ihm durch ein Schlupfloch in Verbindung. Die Höhle macht man am besten 1 m lang, 80 cm breit und 50 cm hoch und bringt an einer Seite eine Tür an, durch welche man gelegentlich in sie hineinschauen kann. Auch den Vorplatz muß man seiner Reinigung wegen öffnen können. Hat man bissige Männchen, so ist es gut, diese während der Zeit, da die Jungen noch sehr klein sind, in einen abgesonderten Behälter einzusperren.

Die zahmen Kaninchen nehmen mit vielerlei Gemüseabfällen aus der Küche vorlieb, ja sie lernen sogar Fleisch fressen. Milch saufen sie sehr gern. Die meisten zieht man vielleicht in England, wo man sie in bedeutenden Mengen auf den Markt bringt und zum Verspeisen feil bietet. Es wird von zwei Kaninchenzüchtern in der Gegend von Oxford und Bucks erzählt, die jede Woche drei Dutzend zum Verkauf brachten. In jenem Lande hat man auch Gefallen an allerlei sonderbaren Kaninchenformen gefunden, die den Augen anderer Leute ganz abscheulich erscheinen.

Für gewöhnlich trägt das Kaninchen die Ohren straff aufgerichtet, aneinander gedrückt; nur wenn es plötzlich aufhorcht, spreizt es sie aus. Vielleicht durch die verweichlichende Lebensart im Käfig aber hat sich die Richtung sowie auch die Länge der Ohren bei manchen geändert. Man kennt Spielarten, bei denen die Ohren schlaff an den Seiten herunterhängen, andere lassen sie nach vorn über die Nase herabfallen, so daß sie eher verkümmerten Schweinen ähneln als munteren Kaninchen; bei noch abenteuerlicheren Formen steht das eine Ohr gleich einer verdrückten Nachtmütze empor, und das andere hängt wehmütig wackelnd auf der Seite. Eine Spielart, die man als russische Kaninchen bezeichnet, fällt auf durch die große herabhängende Wamme, die sich an seiner Kehle entwickelt hat. Es ist gewöhnlich grau gefärbt, nur Kopf und Ohren sind braun.

Auch der Pelz hat Veränderungen erfahren. Die Haare sind mitunter lang und seidenartig fein und haben den Tieren den Namen Seidenhasen oder Angorakaninchen verschafft. Die glänzenden Haare desselben eignen sich sehr gut zu feinen Gespinsten und haben deshalb einen hohen Wert. Man versuchte darum, das schöne Tierchen in Deutschland heimisch zu machen; leider ist dasselbe gegen Einflüsse rauher Witterung sehr empfindlich und stirbt deshalb leicht.

Als Gesellschafter der Kaninchen wird nicht selten das Meerschweinchen gehalten, ein Tierchen aus derselben Familie der Nagetiere wie Kaninchen und Eichhörnchen, aber weiter herstammend als jene. Vor der Entdeckung Amerikas war es in Europa unbekannt. Es ist sicher, daß es vor etwa 300 Jahren zu uns gebracht worden ist, und zwar höchst wahrscheinlich aus Brasilien, nach anderer Meinung aus Guinea. Die Südamerikaner behaupten ihrerseits wieder, es sei von Europa aus zu ihnen gebracht worden. Die Engländer nennen es Guineaschweinchen (Guinea-Pig). Man kennt gegenwärtig in Südamerika das Meerschweinchen nur als ein zahmes Tier. Von seiner Reise übers Meer und der grunzenden Stimme, die es dann hören läßt, wenn es sich besonders behaglich fühlt, erhielt es den Namen Meerschweinchen. In Amerika ist gegenwärtig kein wildlebendes Tier bekannt, das man mit Sicherheit als die Stammart des Meerschweinchens bezeichnen könnte. Am meisten ähnelt ihm noch der Aperea, der oben und an den Seiten schwarzbraun und hellbraun gesprenkelt ist und in seiner Lebensweise viel Ähnlichkeit mit dem wilden Kanichen hat. Das Meerschweinchen zeichnet sich aus durch große häutige Ohren und sehr kleinen Schwanz. Die Nägel an seinen Füßen erscheinen fast wie kleine Hufe, trotzdem führt das Meerschweinchen nicht selten seine Nahrung mit den Vorderpfoten nach dem Munde. Sein Pelz zeigt in der Färbung meistens Schwarz. Rot, Gelb und Weiß unregelmäßig gemischt. Einfarbige sind verhältnismäßig selten.

Das Meerschweinchen ist in ganz Europa nirgends verwildert und gibt durch die Empfindlichkeit, welche es gegen die Kälte zeigt, deutlich seine warme Urheimat zu erkennen. Man kann es nur in einem warmen Stalle oder im Zimmer erhalten und füttert es mit Milch und Semmel sowie mit ähnlichem Futter, wie die Kaninchen. Gegen denjenigen, welcher es pflegt, wird es sehr zutraulich und ergötzt ihn durch sein possierliches, munteres Wesen, gegen Fremde dagegen bleibt es meist scheu und horcht überhaupt aufmerksam sofort auf jedes auffallende Geräusch. Beim Laufen hebt es den Körper nur wenig empor, springt aber auch oft in lustiger Weise hoch über den Boden. Hält man eine Anzahl Meerschweinchen im Stalle, so laufen sie gern, eins immer hinter dem anderen, dicht an der Wand ringsum, mitunter mehr als hundertmal. Sie bilden auf diese Weise längs der Mauer einen förmlichen festgetretenen Weg. Unter sich sind die Tierchen sehr zärtlich. Von einem Pärchen leckt gern eines das andere glatt und kämmt ihm auch mit den Vorderpfoten das Fell. Schläft das eine, so wird es vom anderen bewacht. Währt es diesem zu lange, so weckt es den Kameraden durch Lecken und Kämmen auf. Öffnet dieser die Augen, so schläft es seinerseits und läßt sich von jenem bewachen. Nur die alten Männchen geraten mitunter um den Besitz eines Weibchens unter sich in Streit und Kampf und gebrauchen hierbei ebenso die Hinterfüße wie die Zähne tüchtig als Waffen. Den Menschen dagegen versuchen sie niemals zu verletzen, sondern lassen sich vom kleinsten Kinde mit größtem Gleichmut auf den Schoß nehmen und herumtragen wie ein lebendiges Spielzeug. Es vermehrt sich in ähnlicher Schnelligkeit wie das Kaninchen, wird aber nicht wie das letztere zum Verspeisen gebraucht, da sein Fleisch nicht sonderlich schmeckt. Ähnlich wie beim Kaninchen muß man auch beim Meerschweinchen zu der Zeit, wenn das Weibchen Junge hat, das Männchen von diesen entfernt halten. Es kommt nicht selten vor, daß sonst der Vater in übler Laune seine eigenen Jungen tot beißt und auffrißt. Nach 8—9 Monaten haben die Jungen ihre volle Größe erreicht. Werden sie gut gepflegt, so können sie 8—9 Jahre alt werden.

Dem zahmen Kaninchen und Meerschweinchen stellen nicht bloß die Katzen gern nach, noch mehr hat man sie vor dem Iltis und dem Steinmarder zu verwahren. In manchen Gegenden haben sich diese beiden, zum Mardergeschlechte gehörigen Raubtiere selbst innerhalb der Gebäude in Schlupfwinkeln, altem Gemäuer u. dgl. eingenistet und unternehmen während der Nacht von ihren Verstecken aus räuberische Streifzüge.

Junge Kaninchen und Meerschweinchen müssen auch gegen die gefräßigen Ratten verwahrt werden.

Außer den genannten Haustieren und außer den bekannteren: Pferd, Esel, Rind, Schwein, Schaf und Ziege, wird hier und da auch noch das eine oder andere Säugetier gezähmt und gepflegt. In Waldgegenden findet man mitunter ein zahmes Reh im Gehöft, auch wohl einen Hirsch. Bei den Kindern sind besonders die Eichhörnchen beliebt und machen ihnen durch possierliche Stellungen und flinke Sprünge viel Vergnügen. Leider werden die hübschen Tierchen durch ihre Beißlust unangenehm. Selbst Raubtiere lassen sich bis auf einen gewissen Grad zu Haustieren umwandeln. Der Fischotter soll, jung eingefangen, so vertraulich werden wie ein Hund. Gezähmte Füchse und Wölfe sind zwar in ihren jungen Jahren sehr drollige Wesen, werden aber später gewöhnlich wieder wild und bissig.

Manchem macht es besonderes Vergnügen, Tiere zusammen zu gewöhnen, welche im wilden Zustande Todfeinde sind. Indem man dieselben jung miteinander aufzieht, den Raubtieren möglichst reiche Nahrung aus dem Pflanzenreiche bietet und ihrer Mordlust gleich bei den ersten Zeichen des Erwachens streng entgegentritt, kann man es dahin bringen, daß — wie auf dem beigegebenen Tonbilde dargestellt ist — die Katze neben der Taube und dem kleineren Vogel, der Hund neben ihr, dem Reh und dem Kaninchen usw. friedlich beisammen sitzen und warten, daß ihr Pfleger und Herr ihnen ihr tägliches Brot spende.

23.

Im Obstgarten.

Heute wandern wir in den Obstgarten! Die Kirschen sind reif und werden abgenommen; es ist ein Festtag für alle, die gern etwas Süßes und Angenehmes verzehren!

Zugleich werfen wir aber auch einen prüfenden Blick auf das, was sonst sich noch im Obstgarten befindet, und auf die Vorgänge in ihm während des wechselnden Jahres.

Zunächst die Kirschen selbst, die wir in Händen halten — sie regen bei uns mancherlei Fragen an. Aus welchen Teilen der Blüte entstehen die Früchte und welche Veränderungen gehen mit denselben vor? Wir hatten bei unserem Aufenthalt in der schattigen Laube (S. 149) eine Kirschblüte näher angesehen und bereits dabei gelernt, daß es der Fruchtknoten sei, der eine solche Umwandlung erfährt. Die Samenknospe in seinem Innern wird zum Samenkorn mit dem Keimpflänzchen. Eine Hautschicht des warmen Fruchtknotens verdickt sich und wird steinhart. Sie verleiht der Kirsche die gebräuchliche Bezeichnung als Steinobst. Eine äußere Schicht wird zum saftreichen, genießbaren Fruchtfleisch, und die äußerste bildet schließlich die glänzende glatte Schale.

In gleicher Weise, wie sich die Massenbeschaffenheit verändert, werden auch die Farbe und Eigenschaften der Säfte umgewandelt. Aus dem säuerlichen Fruchtknoten wird innen der bittere Kern, außen das süße Fleisch. Die Pflaumen haben eine ähnliche Beschaffenheit und gleiche Entstehung. Hier und da fällt uns am Pflaumenbaum auch wohl eine sogenannte Tasche auf, welche sich dann bildet, sobald von den beiden im Fruchtknoten angelegten Samenknospen gar keine durch Blütenstaub befruchtet wird und deshalb beide verkommen. Aprikosen und Pfirsiche sind den Pflaumen ähnlich; dagegen haben Äpfel und Birnen schon durch das Blütchen an ihrer Spitze ein anderes Aussehen. Ihre Samen sind zahlreicher vorhanden und in lederartig zähe Kämmerchen eingeschlossen (Kernobst). An der Bildung der Frucht hat hier der fleischig gewordene Blütenboden, die oberste krugförmige Ausbreitung des Stieles, mit teilgenommen.

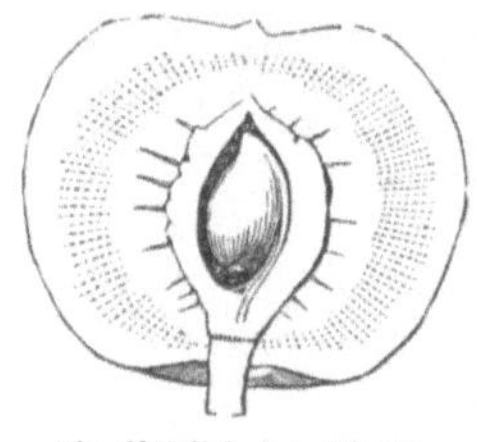
Ein Pfirsich im Längsdurchschnitt.

Wein, Johannis- und Stachelbeeren zeigen uns Formen echter Beeren, bei denen in saftigem Fleische die Samenkerne ohne anderweitige Umhüllungen schwimmen. Bei den Himbeeren haben die zahlreichen Fruchtknoten einer Blüte sich zu ebensoviel saftigen Körperchen umgewandelt, die eine gehäufte Beere darstellen. Bei den Maulbeeren sind zahlreiche Beeren, von denen jede aus einer besonderen Blüte entstand, zu einer zusammengesetzten Beere vereinigt, die rings um den kegelförmig emporgeschobenen Fruchtboden stehen. Die Erdbeeren sind dagegen nur Scheinbeeren. Bei ihnen ist der Fruchtboden selbst saftig und wohlschmeckend geworden, die einzelnen Schließfrüchtchen aber sind als kleine, harte Körnchen an seiner Oberfläche geblieben.

So können wir Kornelkirschen, Walnüsse, Haselnüsse, Feigen, ja sogar Orangen ins Bereich unserer Forschungen ziehen, sie aufmerksam zergliedern, ihren Bau untersuchen und dann ihren Geschmack studieren. Wie zu Anfang des Sommers uns die Kirschen in den Obstgarten locken, rufen uns später Birnen, Äpfel usw. dahin. Nachdem wir uns mit der Entstehung der einzelnen Früchte vertraut gemacht, fragen wir nach der Geschichte der Bäume selbst und zugleich nach derjenigen des Obstgartens.

Im Walde finden sich hier und da noch wilde Äpfel- und Birnenbäume, meist schon durch ihre Dornen sich unangenehm bemerklich machend — aber niemand nascht ungestraft von ihren Früchten. Holzäpfel und Holzbirnen gehören zu den Schauern des deutschen Waldes, sie sind Überbleibsel aus der Zeit, in welcher der wilde Eber und der grimme Schelch mit Bären und Wölfen kämpften. Die Schlehe steht ihnen an Grauenhaftigkeit des Geschmackes nicht viel nach. Dennoch wird sie in Norddeutschland von einigen Leuten mit Zucker und Milch genossen, muß aber vorher Frost bekommen haben. Die Vogelkirschen sind doch eigentlich auch nur Vögeln eine angenehme Nahrung.

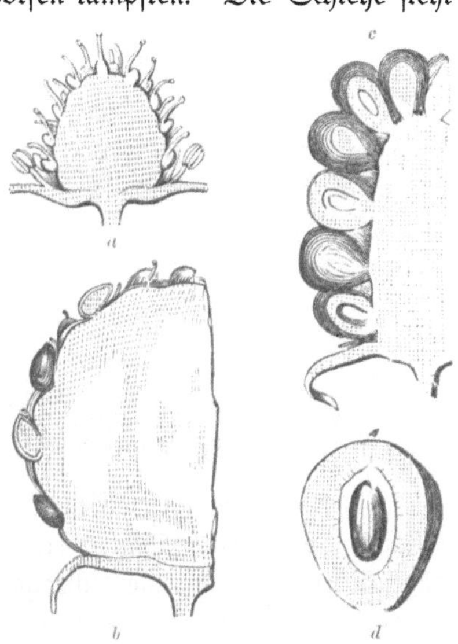

Erdbeere: a die junge Frucht; b ein Teil der älteren Frucht, vergrößert. Himbeere: c der halbe Fruchtstand; d einzelnes Früchtchen, sämtlich im Durchschnitt und etwas vergrößert.

Die Obstsorten unserer Gärten verdanken wir teils fernen Ländern — hauptsächlich Kleinasien — teils aber auch der sorgsamen Pflege, welche man ihrer Veredelung gewidmet hat. Die Zucht guter Obstbäume ist zur förmlichen Kunst geworden, zu deren Ausübung ein umfangreiches Wissen sowie langjährige Erfahrung gehören. Freunde der Obstbaumzucht richten sich eine sogenannte Baumschule ein. Die Samenkerne der schönsten, ganz reifen Früchte werden im Herbst in ein Beet gesäet, dessen Erde von Steinen befreit, vorher gut gedüngt und sorgsam bearbeitet worden ist. Die Kerne legt man 3 cm tief in Reihen und lockert später die Erde zwischen ihnen, sobald dieselbe hart geworden ist. Im folgenden Herbst hebt man die stärksten von den jungen Bäumchen behutsam aus, schneidet sie so kurz, daß nur noch die zwei untersten Knospen bleiben, stutzt auch die Pfahlwurzel bis auf etwa 10 cm Länge und setzt sie jetzt reihenweise wieder ein, aber etwas tiefer und etwa 30 cm voneinander entfernt. Im nächsten Herbst kürzt man den Stämmchen nur die untersten Äste bis auf 15 cm Länge; während des folgenden Frühjahrs können sie veredelt werden.

Sauerkirschen und Ostheimer Kirschen, die man aus guten Kernen gezogen hat, braucht man nicht zu veredeln, wohl aber die meisten anderen Obstarten. Die aus Samen gezogenen Stämmchen weichen in ihren Früchten leicht von der Mutterpflanze ab.

Das Veredeln kann durch Anschäften (Kopulieren), Pfropfen und Äugeln (Okulieren) geschehen.

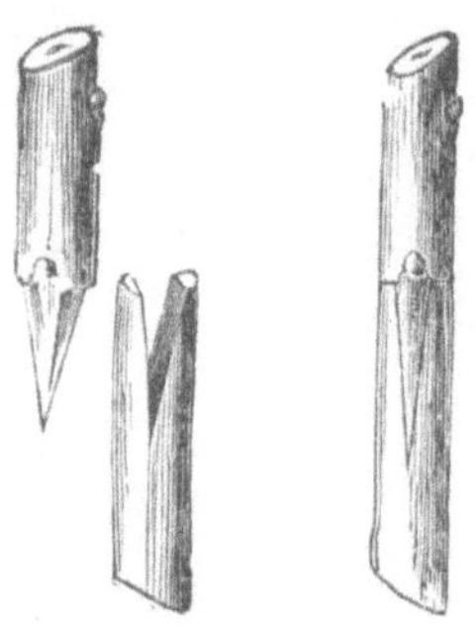

Das Anschäften; links oben ein Teil des guten Reises, unten das abgeschnittene Stammende des Wildlings; rechts beide verbunden.

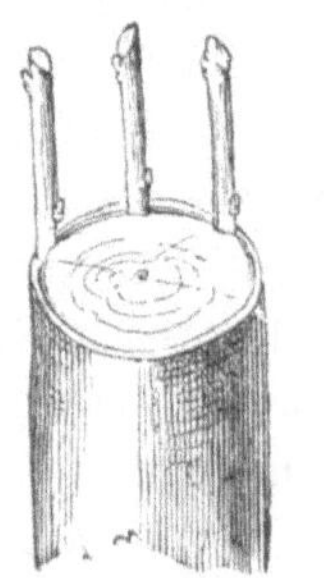

Das Pfropfen in die Rinde. B eines der Pfropfreiser.

Beim Anschäften müssen das edle Reis und der zu veredelnde Stamm von gleicher Stärke sein. Die Spitze des letzteren wird schräg abgeschnitten und die gleichschräge Schnittfläche des Pfropfreises daran gepaßt. Die Anfügungsstelle wird mit Baumwachs verstrichen und fest umwickelt. Beim Pfropfen wird in die Fläche des abgesägten wilden Stämmchens ein keilförmig zugeschärftes Pfropfreis eingesteckt; beim Äugeln dagegen nur ein Auge, d. h. eine Knospe vom edlen Baume, in die aufgespaltene Rinde des unedlen eingefügt.

Am liebsten veredelt man durch Reiser und Augen guter Sorten auf Stämmchen derselben Art, also gute Äpfel auf Äpfelstämmchen, Birnen auf Birnen usw.; es kommen auch vielfach Fälle vor, daß man auf andere, jedoch möglichst verwandte Arten veredelt.

Mispeln erwachsen z. B. aus Kernen sehr langsam, treiben dagegen rascher, sobald man sie auf Birnen-, Quitten- oder Weißdornstämmchen gepfropft hat; Quitten pfropft man auf Birnenstämmchen, Pfirsiche, Aprikosen und Mandeln auf Pflaumen, schwarze Maulbeeren auf weiße.

Bei Pflaumenbäumchen verwendet man auch die Wurzelsprößlinge zur Zucht neuer Bäumchen. Man braucht dieselben gewöhnlich auch nicht weiter zu veredeln.

Unser gartenkundiger Freund teilt uns, indem wir nach vollendeter Kirschenernte noch ein wenig ausruhend droben auf den Ästen des Baumes sitzen, noch vielerlei Interessantes vom Obst und sonstigen Gartengewächsen mit. Er erzählt uns, daß einst ein römischer Feldherr, Lucullus, einen fruchtschweren Kirschbaum bei seinem Triumphzuge mit nach Rom einführte, als eine der schönsten Eroberungen, die er auf seinem Feldzuge in Kleinasien gemacht habe. Die schlanken Zweige, sagt er weiter, werden von den Türken ganz besonders geschätzt, um Pfeifenrohre daraus zu fertigen. Man legt sie, nachdem sie gebohrt und bearbeitet sind, noch eine Zeitlang in Rosenwasser, um ihnen Wohlgeruch zu verleihen, und bezahlt sie je nach ihrer Länge mit hohen Preisen.

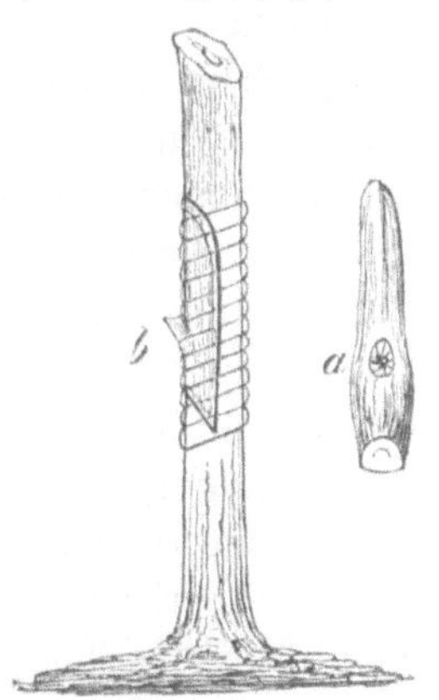

Das Augeln; a das edle Auge, b dasselbe in den Wildling eingefügt.

Der bittere Geschmack der Kerne gibt Veranlassung, uns darauf aufmerksam zu machen, daß sich in jenen Teilen der Kirschen, Pflaumen, Aprikosen und Pfirsiche Stoffe befinden, aus denen sich die höchst giftige Blausäure herstellen läßt. Der Pfirsich galt deshalb den alten Griechen schon als Sinnbild des Schweigens und spielte in den geheimnisvollen Gebräuchen der Ägypter eine eigentümliche Rolle. Die Geheimnisse der Priesterschaft zu verraten, war verboten bei Strafe der Pfirsiche, d. h. wahrscheinlich nichts anderes, als daß der Schuldige mit Blausäuregift getötet wurde, das man aus den Blättern hergestellt haben soll. Der Pfirsich soll übrigens, wie sein Name sagt, aus Persien eingeführt worden sein, die Aprikose aus Armenien.

Von der Schönheit der Gegenden in der Umgebung des Schwarzen Meeres, in denen der Weinstock wild wächst und als mächtiges Schlinggewächs an den Bäumen hoch hinaufklettert, entwirft uns der Freund begeisterte Schilderungen und weiß dann noch viel zu sagen von der Wichtigkeit, welche Obstbau und Weinzucht in den verschiedenen Ländern der Erde erlangt haben, wie die großen und kleinen Rosinen und das Backobst entstehen, wie ferner Wein und Obstwein, Kirschgeist und Essig gemacht werden.

Wir erfahren über die Einführung der Obstzucht in unserem Vaterlande und wie dafür in alter Zeit besonders auch Kurfürst August von Sachsen viel getan hat, der um die Mitte des 16. Jahrhunderts lebte. Dieser Herr führte stets, wenn er ausging, ein Säckchen mit Obstkernen bei sich und verteilte von denselben, wo er es angewendet fand. Er gab ein Gesetz, daß in seinem Lande jedes Brautpaar sechs Obstbäume und sechs Eichen pflanzen solle, und setzte das Abhauen der Hand als Strafe darauf, wenn jemand einen Obstbaum beschädige.

Finden wir schließlich selbst Vergnügen an der Zucht der Obstbäume und an der Pflege der Gartengewächse überhaupt, so erhalten wir auch wohl ein Stückchen Land zu unserer eigenen Verfügung. Wir achten dann darauf, in welcher Weise es bearbeitet und zugerichtet werden muß, um ein fröhliches Gedeihen der Gewächse zu ermöglichen. Wir lernen die Behandlung der Blumen und Gemüse allmählich dem Gärtner ab und bereiten uns auf diese Weise während der ganzen Jahres tausend verschiedene Freuden. Die Erbsen, die auf unserem eigenen Beete gewachsen, die wir selbst gesäet, selbst mit Reisern zum Anranken versehen haben, kommen uns süßer vor als alle anderen, und die Kirsche, der Apfel, die Birne vom selbstgezogenen Baume gewähren uns einen größeren Genuß als selbst eine Orange oder eine Ananas.

Der Maulwurf.

24.

Unter der Erde.

Am frühen Morgen treten wir in den Hof, um die erquickende Kühle zu genießen. Es hatte während der Nacht geregnet, und alle Gewächse im Garten stehen frisch und gekräftigt. Zwischen den Steinen des Hofpflasters und auf den Gartenbeeten fallen uns kleine Erdhäufchen etwa von Bohnengröße auf, die gestern noch nicht da waren, und wenn wir sie wegstoßen, merken wir, daß sie ein Loch decken, noch nicht so stark wie ein Federkiel. Mitunter sind auch abgefallene Baumblätter oder Federn, welche die Hühner verloren hatten, teilweise in jene Löcher hineingezogen worden. Die Regenwürmer sind zur Nachtzeit, durch den Regen angelockt, hervorspaziert und haben an der Oberfläche der Erde ihr Wesen getrieben, während sie sich sonst nur drunten im Reich der Tiefe bewegen.

Wir graben ein Beet um, von dem die Gewächse abgeerntet sind, und da unser Interesse für die Bewohner der Erde einmal angeregt ist, bemerken wir heute mancherlei Gestalten, die wir früher weniger beachteten.

Zunächst werfen wir schon beim ersten Spatenstiche einige große Regenwürmer ans Tageslicht. Sie zappeln und ringeln sich und suchen so eilig als möglich dem Sonnenstrahl zu entfliehen, der ihnen zuwider ist. Sie haben fast Spannenlänge und spitzen sich nach beiden Enden zu. Ein eigentlicher Kopf ist dem Regenwurm nicht zu teil geworden. Die beiden vordersten Ringe seines Körpers sind zu Ober- und Unterlippe umgestaltet und bilden den Rüssel, mit welchem er wühlt. Er nährt sich von abgestorbenen Pflanzenstoffen. Da er den Boden gründlich durchwühlt, macht er das Erdreich locker und da er seine Auswurfstoffe stets nach oben schafft, düngt er sozusagen das Land. Die neuesten Forschungen haben denn auch ergeben, daß die Fruchtbarkeit eines Bodens nur der Tätigkeit der Regenwürmer zuzuschreiben sei.

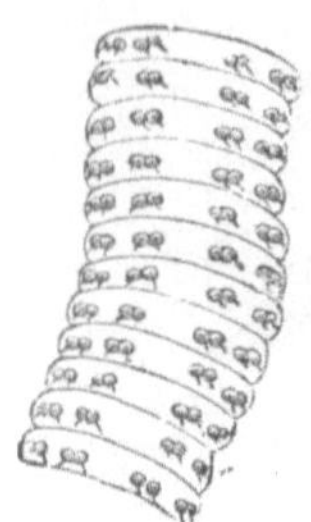

Einige Ringe des Regenwurmes mit den Fußborsten, vergrößert.

Augen, Ohren und selbst Fühler sind bei dem Regenwurme nirgends zu bemerken, und von Beinen findet sich auch keine Spur. Trotzdem kriecht er ziemlich rasch und hilft sich hierbei auf eigentümliche Weise fort. Sein Leib besteht aus etwa 145 Ringen. An jedem derselben stehen an der Bauchseite paarweise acht Wärzchen, und diese tragen Borsten, welche nach hinten gerichtet sind. Das Vergrößerungsglas zeigt dies ganz deutlich. Will nun der Wurm vorwärts, so dehnt er sich aus und schiebt dabei einige Glieder nach vorn. Die Borsten halten letztere dann fest, indem sie sich gegen die Erde stemmen und das Rückwärtsgleiten verhüten; so zieht er den übrigen Teil nach. In der Mitte des Leibes ist ein fleischiger Wulst zu bemerken, dieser birgt die Eier. Jeder Regenwurm ist fähig, dergleichen zu legen. Gewöhnlich geschieht dies im Juni.

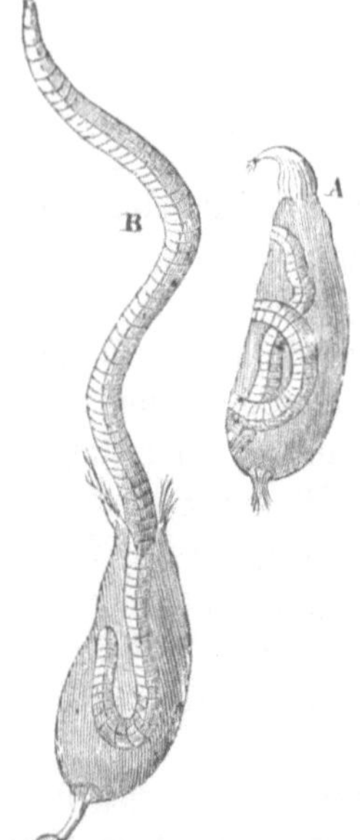

Eier des Regenwurmes und ausschlüpfendes Junges, vergrößert.

Beim Weitergraben treffen wir noch mancherlei Lebendiges. Am auffallendsten sind die dicken, weißen **Engerlinge**, in denen wir nimmer den **Maikäfer**, unseren alten Freund, wiedererkennen würden, wenn wir nicht aus der Naturgeschichte über seine Jugendzeit belehrt worden wären. Das Maikäferweibchen hatte am Ende des Mai sich mehr als fingertief in den lockeren Gartengrund eingewühlt und unten in dieser

Grube 20—30 Eier gelegt. Schon Ende Juni kriechen aus diesen winzigen weißen Dingern junge Engerlinge (Larven) aus, die einen Kopf mit Freßzangen und deutliche Beine haben (s. Abbildung Fig. a). Nach einem Jahre sind sie etwa so groß, wie sie auf nachstehender Fig. b zu sehen, nach zwei Jahren wie Fig. c, nach drei Jahren wie d. Im vierten Jahre puppt sich der Engerling ein (e) und kommt im nächsten Mai aus der Erde (f), um droben im Grünen das pflanzenvertilgende Werk fortzusetzen, das er vordem an den Wurzeln getrieben. Je nachdem die Witterung mehrere Jahre nacheinander dem Gedeihen der Engerlinge günstig ist, wird dann die Zahl der Maikäfer auch größer oder geringer.

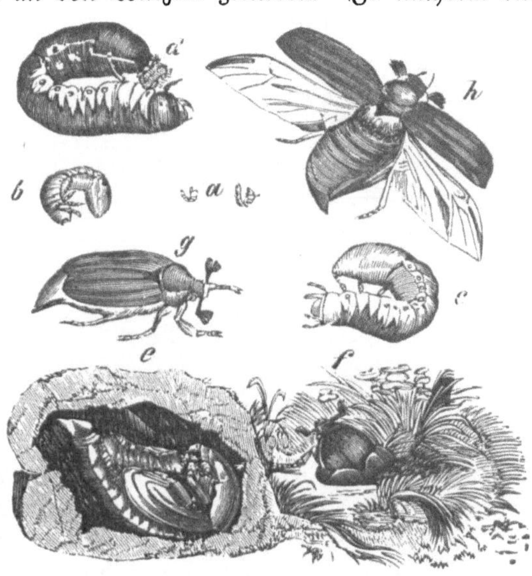

Engerlinge und Maikäfer.

Maden von Kohlfliegen (Anthomyia Brassica) ernähren sich ebenfalls unterirdisch. Sie greifen aber besonders gern die Kohlwurzeln an, während die Raupe des Hopfenwurzelspinners (Hepialus humuli), eines hübschen Nachtschmetterlings, die Hopfenwurzeln, die Larven der Schnellkäfer (Elater segetis) die Graswurzeln, diejenigen einiger Rüsselkäfer die Wurzeln von Primeln und Steinbrecharten bevorzugen. Tausendfüße und Asseln beteiligen sich schließlich auch mit hierbei.

Selbst diesem verborgenen Heere von Gartenfeinden sind aber Aufseher bestellt, die ihrer übergroßen Vermehrung dann etwas Einhalt tun, wenn der Gärtner gehindert sein sollte, ihnen beizukommen. Der kräftigste Polizeimann dieser kleinen Unterwelt ist der Maulwurf, der unter den Wurzeln des alten Apfelbaumes in der Ecke des Obstgartens seine Wohnung hat. Dort thront er in künstlichem Bau, vermag durch eine Anzahl Röhren ebenso leicht nach oben wie nach der Tiefe hin zu entwischen, wenn er etwa überfallen wird, und beläuft von dort aus in einem langen Hauptgange täglich mindestens dreimal sein Revier. Die Augen sind zwar für gewöhnlich von den Pelzhaaren verdeckt, die Lider geschlossen, sein Gehör, Gefühl und Riechvermögen sind aber um so schärfer und befähigen ihn, seine Lieblingsspeise, die Engerlinge, leicht aufzuspüren. Durch diese Kost wird er dem Gärtner und Landmann ein nützlicher Gehilfe, während er freilich auch anderseits durch seine zahlreichen Gänge und durch die aufgeworfenen Erdhaufen mancherlei Unannehmlichkeiten herbeiführt und manche Pflanze zum Absterben bringt, da er ihre Wurzel lockert oder sie umreißt. Hat man seinen Hauptgang entdeckt, aus dem die Erde nicht aufgestoßen wird, sondern zur Befestigung der Seiten festgedrückt ist, so wird es leicht, ihn durch Schlingen im Laufe weniger Stunden wegzufangen. Will man ihm den Zutritt zu Samenbeeten verwehren, so muß man um dieselben in gehöriger Tiefe Dornen eingraben. Sowie er sich an diesen die Nase verwundet, stirbt er.

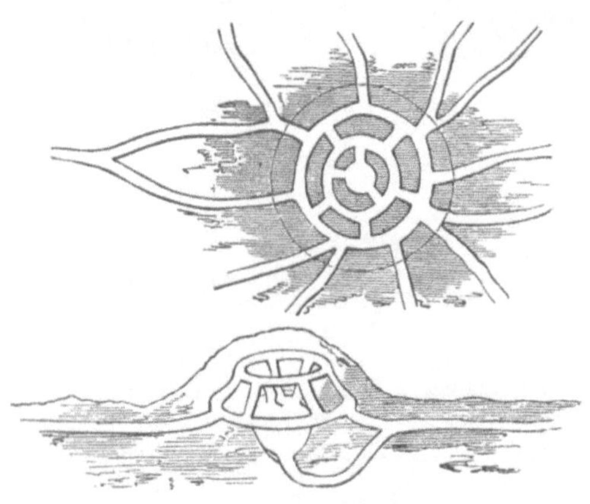
Maulwurfsbau.

Der bequeme Hauptgang des Maulwurfs wird gern auch von anderen Tieren, die unter der Erde ihre Nahrung suchen, als Straße benutzt. Außer Mäusen und Kröten, die wir bereits betrachteten, geschieht solches oft von der Hausspitzmaus (Crocidura araneus), die sich aber wohl zu hüten hat, daß sie dem gestrengen Herrn im schwarzen Samtrock nicht begegnet. Trifft sie der nimmersatte Maulwurf in seinem Revier, so beißt er sie tot und verzehrt sie trotz ihres starken Bisamgeruchs, der die meisten anderen Raubtiere von solcher Kost zurückschreckt.

Mit den gewöhnlichen Mäusen, welche Nagetiere sind, hat die Spitzmaus die Größe und das Hauptsächlichste ihrer Körpergestalt gemein, unterscheidet sich aber bei etwas genauerem Ansehen deutlich durch die spitze rüsselförmige Schnauze, noch mehr durch ihr Gebiß, welches sie als ein Kerbtierfressendes Raubtier bezeichnet. Die Oberseite ihres Körpers sieht braungrau aus, bei Jungen dunkler, fast schwärzlich, die Unterseite ist heller. Der Schwanz ist etwas länger als die halbe Körperlänge und behaart, oben hellgraubraun, unten grauweißlich. Von allen ihren zahlreichen Verwandten ist sie die einzige, welche sich gern in der Nähe der Wohnungen ansiedelt und von den Feldern und Gärten auch sogar ins Innere derselben dringt. Abends und morgens ist ihre Lieblingszeit, in der sie auf Jagdzüge ausgeht. Bei ihrem lebhaften Appetite verspeist sie nicht nur Würmer und Insekten in den verschiedensten Zuständen ihrer Entwickelung, sie überfällt auch Mäuse, ja sogar junge Vögel, wenn sie deren habhaft werden kann. Hat sie sich im Hause eingerichtet, so schmaust sie mit den Mäusen und Ratten in Gemeinschaft Fleisch und Fett, wenn sie in Speisekammer und Keller dazu gelangen kann, säuft sie auch gern Öl. Unter sich sind die Spitzmäuse ebenso wie die Maulwürfe höchst unverträgliche Gesellen und fahren beißend aufeinander los, sobald sie sich begegnen. Meistens bekommen sie nur einmal während des Jahres, zwischen Mai und August, Junge, und zwar 5—10, die anfänglich nackt und blind sind. Nach sechs Wochen haben die Kleinen sich aber schon so weit erholt, daß sie den Alten an Größe ziemlich gleichen.

Die Feldspitzmaus (Crocidura leucodon), die Zwergspitzmaus (Sorex pigmaeus), Waldspitzmaus (Sorex vulgaris) und Wasserspitzmaus (Crassopus fodiens), die alle in unserem Vaterlande vorkommen, geraten nur selten in unsere Gärten und Gehöfte; dagegen findet sich das Wiesel (Mustela vulgaris) und manchmal auch sein größerer Vetter, das Hermelin (M. erminea), mitunter zur Mäusejagd hier ein.

Die alten Griechen hielten das Wiesel in ihren Wohnungen zu ähnlichem Zwecke wie wir die Hauskatze. Es säuberte das Haus von Mäusen, ebenso von Eidechsen und Schlangen, die sich in wärmeren Gegenden als ungebetene Gäste auch in den Gehöften einstellen. Wiesel die man jung aufzieht, lassen sich leicht zähmen und kommen wie Hund und Katze auf den Ruf herbei. Daß es bei uns nicht als Haustier beliebt ist, hat seinen Grund vorzüglich darin, weil es in Hühnerställen und Taubenschlägen arge Verwüstungen anzurichten vermag, sobald es in dieselben gelangen kann. Bei seiner sprichwörtlichen Gewandtheit hält es schwer, jene Vögel vor ihm zu schützen. Ebenso stiehlt es die

Eier und trägt sie in seine unterirdischen Gänge, indem es dieselben unter dem Kinn festklemmt. Sein schlanker Körper befähigt es, durch verhältnismäßig enge und gewundene Gänge zu schlüpfen. Es jagt deshalb den Mäusen in ihren Röhren nach, scheut aber auch den Kampf mit Ratten und Maulwürfen nicht. Den jungen Kaninchen ist es ein Todfeind.

Das größere Hermelin ist keineswegs nur ein Bewohner Sibiriens, wie mancher glaubt, der von den kostbaren Hermelinpelzen gehört hat. Es ist bei uns ebenfalls einheimisch, nur nicht so häufig, und der Pelz des deutschen Hermelins ist nicht so geachtet wie jener des russischen. Im Sommer sieht es braun aus, bei der Härung im Herbst wird es weiß, die Schwanzspitze schwarz. Im Frühjahr findet ein abermaliger Haarwechsel statt. Es schlägt seine Wohnung gern in Maulwurfshöhlen oder Mauerlöchern auf, bewohnt auch Schlupfwinkel solcher Gebäude, die selten besucht werden, und geht vorzugsweise zur Nacht auf Raub aus. Achten wir im Winter auf die verschiedenen Fußspuren, die im weichen Schnee zu sehen sind, so können wir durch diese leicht Kunde von den verschiedenen Tieren erhalten, die mit uns im gleichen Gehöft wohnen, aber unserem Blicke dadurch entgehen, daß sie sich bei Tage im Versteck oder unter der Erde aufhalten.

Spielende Wiesel.

25.

Des Hauses Geschichte.

Jedes Haus hat seine Geschichte, so gut wie jede Stadt und jedes Dorf.

Der Indianer baut seine Hütte aus Baumzweigen in kurzer Zeit auf, der Neuholländer macht ebenfalls wenig Umstände damit. Er stellt einige Rindenstücke zusammen und ist dann fertig. Der Eskimo schneidet auf der Reise im Winter eine Anzahl Schneestücke zurecht, legt sie übereinander und fertigt selbst in jenem unwirtlichen Himmelsstrich, binnen ein paar Stunden ein Haus, das ihm wenigstens auf einige Zeit als Zufluchtsort dient. Beim Bau unserer Wohnhäuser geht's nicht so schnell her. Nicht jeder ist so glücklich, sich ein eigen Hüttchen erwerben zu können. Schon der Grund und Boden kostet ansehnliche Summen, besonders in der Nähe oder gar im Innern größerer Städte. Die Baumaterialien und das Aufführen des Hauses schließlich noch die innere Ausstattung desselben beanspruchen gewöhnlich beträchtliche Summen. Ehe eine Hacke oder Schaufel angelegt wird, hat der Bauverständige den Plan zum Hause entworfen. Das Haus ist bereits vollständig in den Gedanken des Baumeisters und auf dem Papier vorhanden, bevor es in der Wirklichkeit ausgeführt wird.

Der Grund, auf dem das Haus ruhen soll, erfordert besondere Sorgfalt. Sind feste Gesteinsschichten vorhanden, so macht nur das Ausarbeiten der Felsen Schwierigkeiten, die Mauern können dagegen sofort darauf gegründet werden. Findet man zu oberst nur lockeren Grund, so muß man tiefer graben und möglichst große und harte Steine sorgsam einlegen, um festen Halt zu gewinnen. Am schwierigsten gestaltet sich das Unternehmen auf sumpfigem, moorigem Boden. In solchen muß man Holzpfähle einrammen, miteinander durch feste Rahmen verbinden und die Zwischenräume mit Gestein und Mörtel ausfüllen. Dann erst können die Mauern aufgeführt werden. Wenn man überhaupt einen Brunnen beim Hause anlegen will, so sorgt man für denselben zuerst, damit beim Bauen das nötige Wasser gleich bei der Hand ist.

Die Handlanger schaffen Sand und Kalk herbei und mengen den Mörtel, die Steinmetzen behauen die Steine, die Maurer fügen sie nach dem Richtmaß und Senkblei sorgsam aneinander. Der Meister beaufsichtigt das Ganze, und in seiner Abwesenheit sorgt der oberste Gesell, der Polier, dafür, daß alles genau so ausgeführt werde, wie der Bauriß es vorschreibt. Während die Maurer ihr Werk an Ort und Stelle fördern, sind die Zimmerleute auf ihrem Arbeitsplatze tätig. Sie richten das Balkenwerk zu, das innen ins Haus kommt und das den Dachstuhl bilden soll, sorgen für Türgewände, Fachwerk und Treppen.

Sind die Maurer mit den Hauptmauern fertig, so wird das Dachgerüst aufgerichtet. Die Handwerker feiern ein fröhliches Fest. Der Werkmeister hält vom Dachgiebel aus eine Rede und wünscht den künftigen Bewohnern Segen und Glück. Ein grüner Baum, eine Krone aus Laub und Blumen, auch wohl farbige Fahnen flattern vom Hausfirst, und der Jubelruf der heiteren Gesellen verkündet der Nachbarschaft das gelungene Werk.

Sie haben wohl Ursache, fröhlich zu sein. Nicht nur ist es oft mit mancherlei unvorhergesehenen Schwierigkeiten verbunden, den auf dem Papiere entworfenen Plan auch in der Wirklichkeit auszuführen, das Aufrichten der schweren Baustücke ist auch mit vielerlei Gefahren verknüpft. Nicht so selten sind leider die Fälle, daß Zimmerleute oder

Maurer hinabstürzten und entweder sofort ihren Tod fanden oder wenigstens schwere Verwundungen davontrugen. Es ist Ursache genug vorhanden zum Jubel, wenn das Aufrichten ohne Unglücksfall ablief. — Haben Maurer und Zimmerleute ihr Werk beendet, so setzen sich Dachdecker, Schlosser, Tischler, Maler und Tapezierer in Tätigkeit, bis endlich alles so weit fertig und auch namentlich trocken ist, daß die Eigentümer einziehen können.

Mit tausend Fäden knüpft sich das Gemüt des Kindes an das elterliche Haus. In den Räumen, in welchen das Kind geboren ward und aufwuchs, kennt es jedes Winkelchen. Mit wie vielen scheinbar unbedeutenden Gegenständen verbinden sich nicht Erinnerungen an bestimmte Erlebnisse!

Gewöhnlich merkt das Kind diese geheimnisvolle Gewalt erst, wenn es später vom elterlichen Hause entfernt ist oder nach längerer Trennung in dasselbe zurückkehrt. Dort auf jener Bank pflegte die Mutter zu sitzen, wenn sie die Arbeiten für die Küche verrichtete; dort ruhte der Vater am Abend aus und erzählte den Kindern von des Hauses Schicksalen während des Krieges! Drunten im Keller hatte man damals einiges wertvolle Gerät versteckt, als die Feinde im Anzuge waren. In jenem Stalle mußte man die Nahrungsmittel unter den Brennmaterialien verbergen, als Plünderer zu fürchten waren. Hier schlug die Kanonenkugel ein, die eingemauert in der Wand noch an jene Schreckenstage erinnert usw.

Jeder einzelne Obstbaum im Garten ist ein trauter Bekannter. Die Eltern sind vielleicht längst entschlafen — das Kind ist erwachsen — noch grünen die Bäume und reifen die Früchte. Der Apfelbaum ward vom Vater bei der Geburt des jüngsten Bruders gepflanzt. Den Kirschbaum daneben hat das Kind selbst gepfropft. Die Stelle am Stamme läßt sich noch wahrnehmen, an welcher das Reis eingefügt ward.

Hier an der Hauswand ist noch die Höhe durch eine Denktafel verewigt, bis zu welcher bei der Überschwemmungsnot die trüben Fluten des Wassers stiegen. Je älter die Häuser sind, desto mehr knüpfen sich auch wohl Sagen an sie, ernste und heitere. Oft sind Merkzeichen angebracht, um bestimmte Tatsachen vor dem Vergessen zu bewahren. In mittelalterlichen Städten trug auch meist jedes Haus einen besonderen Namen, der gewöhnlich durch ein Bild oder eine Inschrift außen am Hause vermerkt war. An vielen Gebäuden erinnert ein frommer Spruch, der außen angeschrieben ist, daran, daß ein Höherer das Haus schützen muß, wenn es bestehen soll.

Zahlreich sind auch die Mächte, welche am Untergange des Hauses arbeiten, Wind und Wetter, Frost und Hitze tun das Ihrige und zwingen den Hausvater fortwährend, da nachzuhelfen, wo etwas fehlt, auszubessern, wo etwas schadhaft geworden. Des Hausschwammes, der holzfressenden Käfer und der wühlenden Ratten haben wir bereits ausführlicher gedacht. Gegen das Feuer der Wolke schützt zwar der Blitzableiter, aber gegen die Flammen, welche durch Unvorsichtigkeit, Nachlässigkeit oder aus sonst einer Veranlassung im Hause selbst oder in dessen Nachbarschaft entstehen, ist der Schutz nicht immer so leicht. Die Ursachen, welche den schlafenden Funken zur verderblichen Gewalt wecken, sind mitunter höchst geringfügig. Es ist schon vorgekommen, daß Ratten Streichzündhölzchen gestohlen, benagt und dadurch einen Brand herbeigeführt haben.

In jedem Hause sind, ähnlich wie an jedem Wohnorte überhaupt, Vorrichtungen zum Löschen eines ausbrechenden Feuers und zum Abhalten eines in der Nachbarschaft auskommenden Brandes getroffen. Feuereimer zum Zutragen des Wassers fehlen nie. Am besten sind diejenigen Gebäude daran, die von einem Röhrenwerke durchzogen sind, in welches das Wasser aus hochgelegenen Behältern geleitet wird. Aber selbst gegen die Schrecken des Brandes sind gegenwärtig zahlreiche Hilfen geschaffen worden. Feuerlöschdosen ersticken ein beginnendes Schadenfeuer, so lange sich dasselbe noch auf geschlossene Räume beschränkt. Verbesserte Feuerspritzen mit langen Schläuchen, auf deren gute Beschaffenheit die Ortsobrigkeit sorgsam achtet, stehen bereit zur Hilfe, und gewandte Männer machen es sich zur Lieblingsbeschäftigung oder zum Lebensberuf, eine tüchtige Feuerwehr zu bilden, bewandert in allen Vorkommnissen und Hilfsmitteln beim Brande von Gebäuden.

Ist aber trotz aller Vorsicht, trotz aller geleisteten Hilfe, das Feuer mächtiger gewesen als der Mensch und hat das Haus in Asche und Trümmer gelegt, oder hat letzteres selbst durch die Schutzmittel gelitten, die angewendet werden mußten, um dem Weitergreifen eines benachbarten Brandes Einhalt zu tun, — so ist der Eigentümer heutzutage nicht mehr in dem Grade unglücklich wie ehedem. Feuerversicherungsgesellschaften bieten ihm Gelegenheit, das Gebäude und seinen Inhalt zu versichern; sie gewähren ihm einen Schadenersatz, sobald ihn Unglück getroffen, und er wird in den Stand gesetzt, das Verlorene aus der Asche neu erstehen zu lassen.

Schlimmer sind jene Leute daran, die in solchen Ländern wohnen, welche von Erdbeben heimgesucht werden. Ihnen wird das Haus selbst durch Einstürzen zum Todeswerkzeug, und jeder flieht eiligst ins Freie, sobald sich irgend Spuren von Erdbeben zeigen.

In unserer Heimat haben sich jene unheimlichen unterirdischen Mächte bis jetzt nur sehr unbedeutend gezeigt, so daß niemand an sie denkt und ohne Furcht vor ihnen der Bewohner großer Städte im fünften oder sechsten Stockwerk eines mitunter höchst schmalen, turmähnlichen Hauses wohnt, das bei der geringsten Erschütterung zusammenstürzen müßte.

Daß wir von Erdbeben nichts fürchten, veranlaßt uns auch vorzugsweise Steine zum Bau des Hauses und als Bedachungsmaterial desselben zu wählen. Hierdurch wird die Feuersgefahr bedeutend verringert und größere Schadenfeuer sind verhältnismäßig nur selten. Viele Häuser trifft man, welche über ihren Türen Jahreszahlen tragen, die nachweisen, daß sie vor mehreren Jahrhunderten aufgeführt wurden. Ihre Erbauer schlummern längst in den kleinen Häuschen aus sechs Brettern und zwei Brettchen — die Urenkel aber segnen noch ihr Andenken und erzählen von dem Ahnherrn, der den Grundstein legte — den Grundstein sowohl zum Hause, als zum Wohlstande der Familie. Sie segnen noch sein Andenken und prägen ihren Kindern den Wahlspruch ein, der an des Hauses Türe prangt:

„Wer Gott vertraut,
Hat wohl gebaut!“

Ende des Buches.

Die

Denkwürdigsten Entdeckungen

auf dem Gebiete der Länder- und Völkerkunde

Von **Louis Thomas**

Erstes Bändchen:

Die älteren Land- und Seereisen bis zur Auffindung der Seewege nach Amerika und Indien

10. Auflage. * * * * * Mit **78** Text-Abbildungen und einem Titelbilde.

Zweites Bändchen:

Entdeckungen und geographisch bedeutsame Unternehmungen nach Auffindung der Neuen Welt bis zur Gegenwart

10. Auflage. * * * * * Mit **100** Text-Abbildungen und einem Titelbilde

Preis jedes Bändchens: Geheftet M. **2.—**, kartoniert M. **2.50**
Ausgabe in einem Bande: Gebunden M. **5.—**

Verlag von Otto Spamer in Leipzig

Aus: Johannes Henningsen „Aus fernen Zonen“.

H. Wagners

Entdeckungsreisen in Haus und Hof
